巧學編織 生活小物

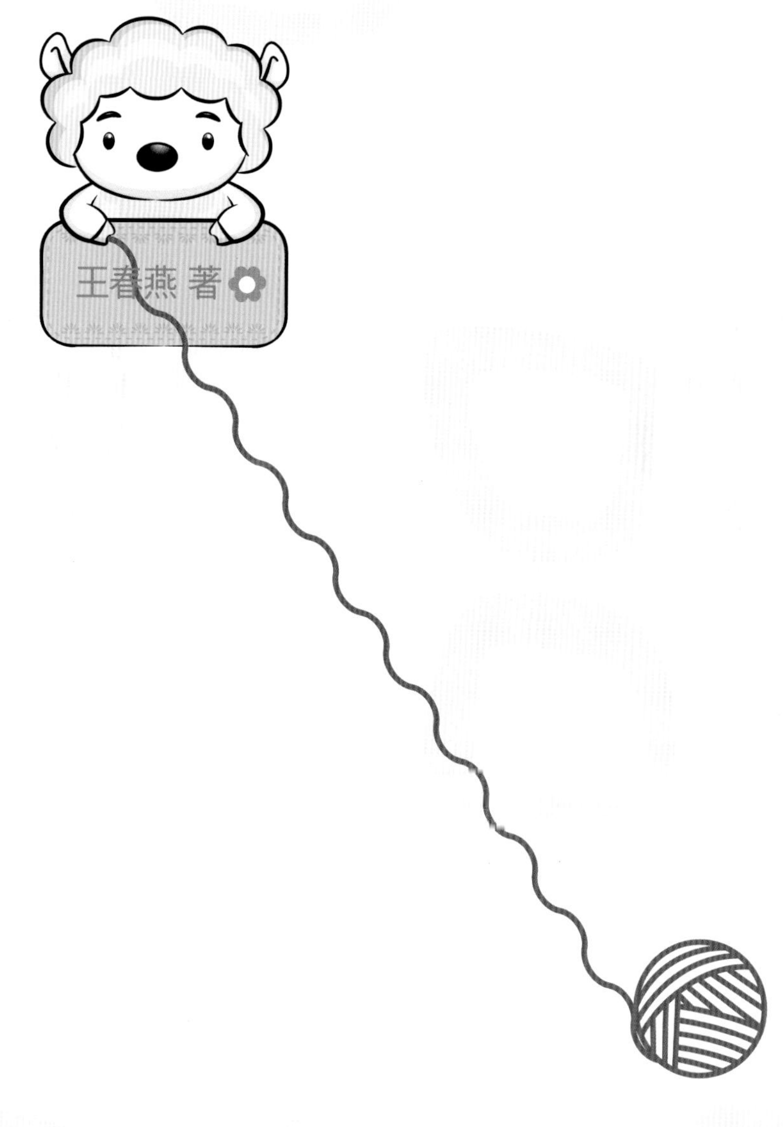

目 錄

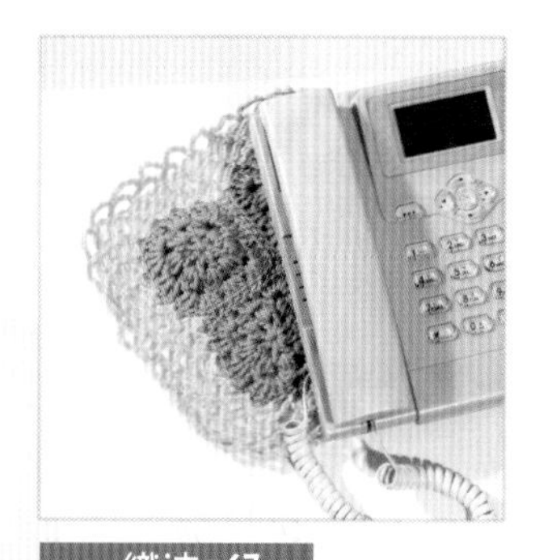

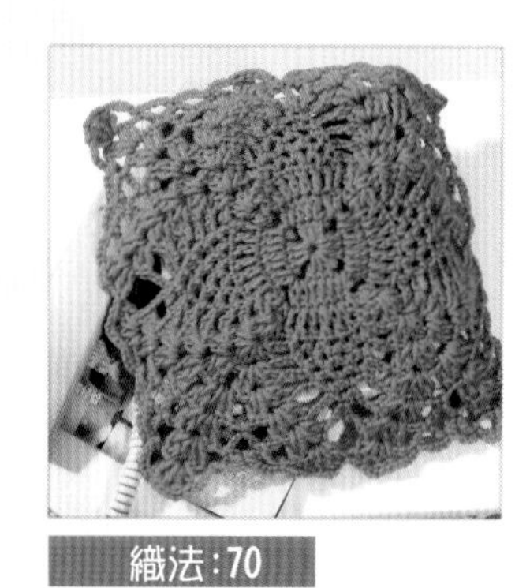

織法：74

26 花瓣門簾

織法：75

27 衣架套

織法：76

28 靠枕套

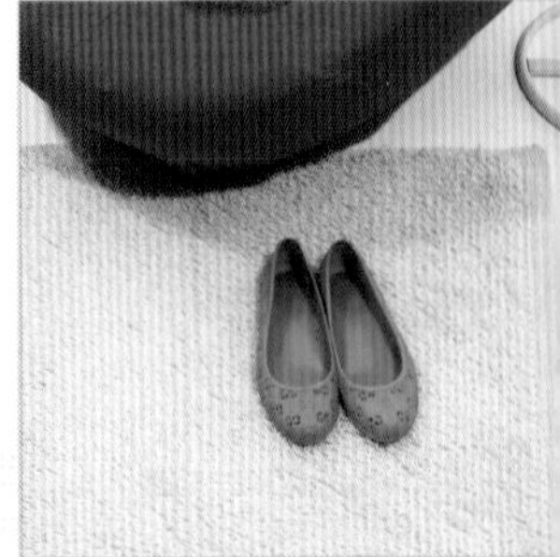

織法：77

29 臥室腳墊

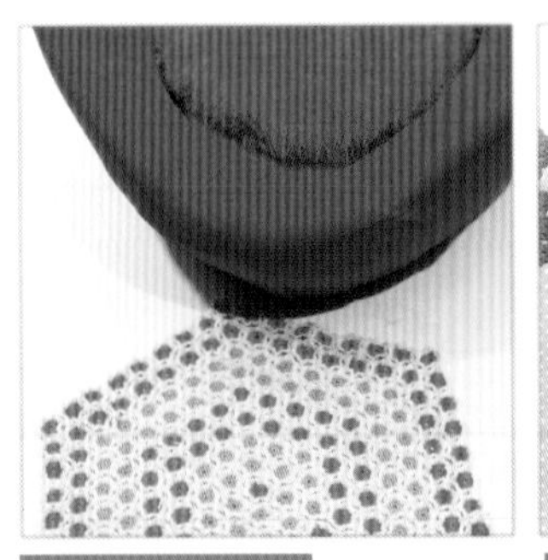

織法：78

30 地板墊

織法：79

31 沙發靠背三角巾

織法：80

32 西餐盤墊

織法：81

33 收納袋

織法：82

34 錢包

織法：83

35 編織工具袋

織法：84

36 嬰兒枕套

織法：85

37 多用滑鼠墊

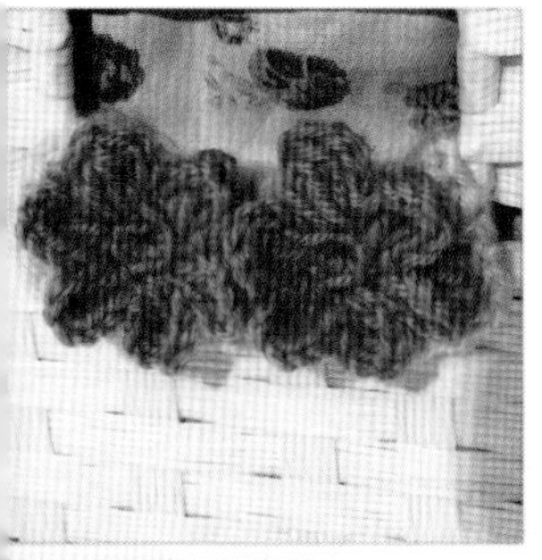

織法:86

38 抽屜防鏽把手套

織法:87

39 飲水機蓋布

織法:88

40 烤箱手套

織法:89

41 洗碗布

織法:90

42 花園椅墊

織法:91

43 小獅子擦地拖鞋

織法:92

44 車票卡套

織法:93

45 車把手

織法:94

47 自行車座套

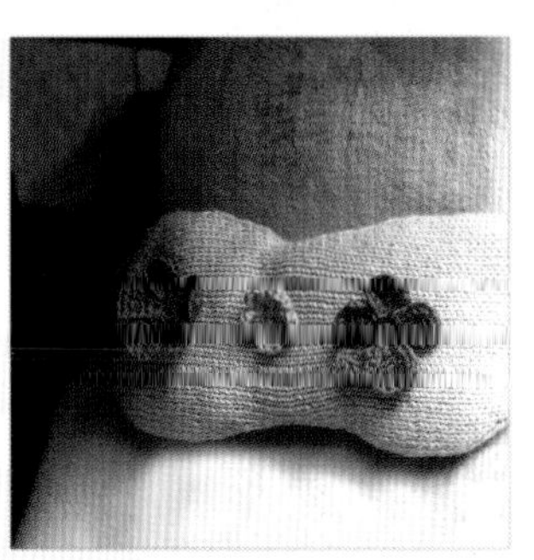

織法:95

48 車座頭枕

SCOTCH BROTH

花朵圓桌布

織法：56

茶壺套

織法：57

玻璃杯套

織法：5

花盆套
法：59

玻璃瓶套

織法：6

茶杯套

法：61

面紙盒罩

織法：6

chopped
mush rooms
4 tablespoons flour
1/4 teaspoon dry
mustard
1/2 cup butter
chives
1/4 cup sherry
1 teaspoon salt
2 cups chicken broth
2 cups half and half

桌角防護套

織法：63

照片框花邊

織法：6

開關牆貼

織法：65

檯燈罩

織法：

電話墊

織法：67

咖啡杯墊
織法：6

話筒套

織法：69

電話蓋布

織法：70

小桌布

織法：71

手機套

織法：72

鑰匙包

織法：73

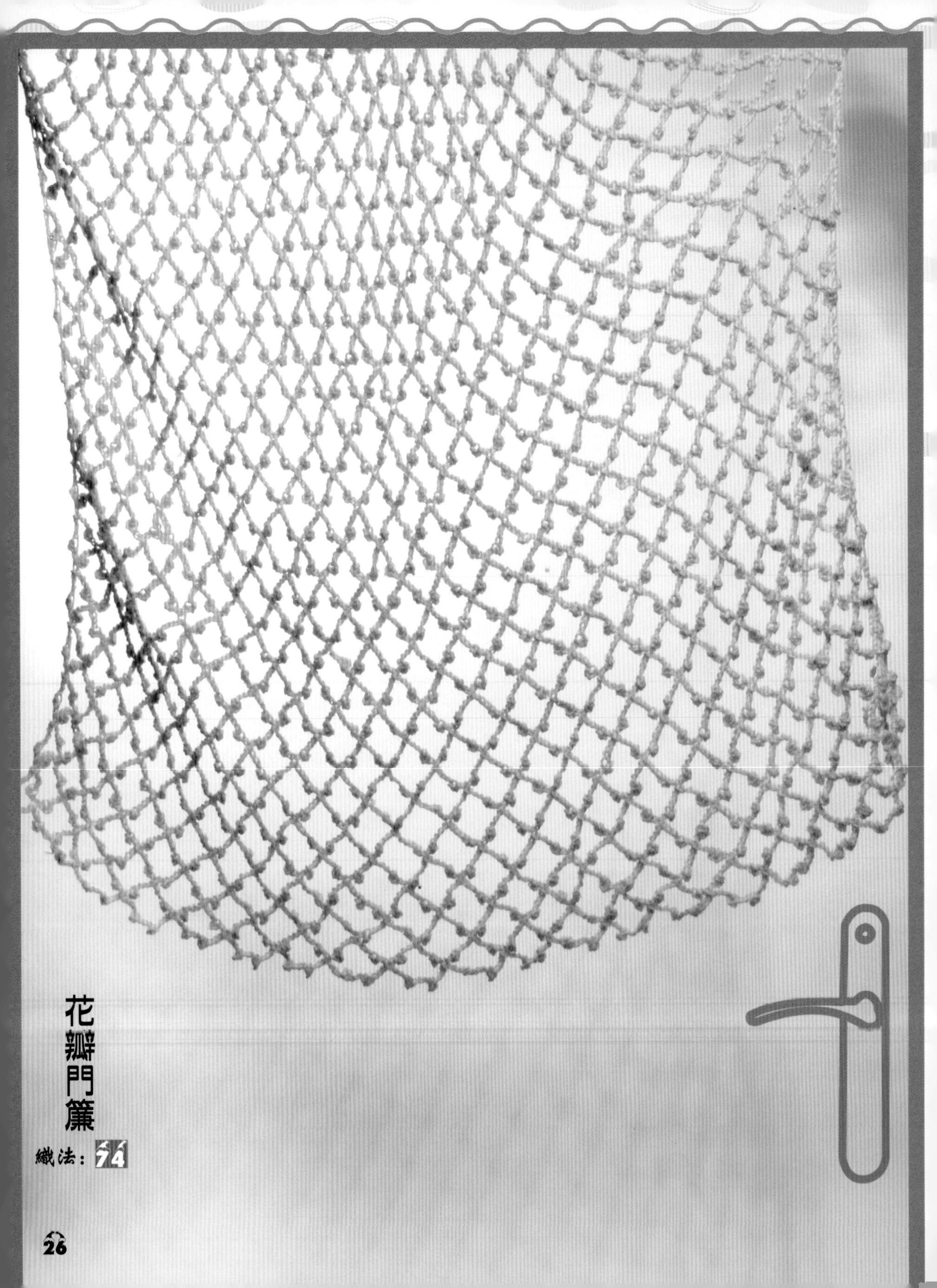

花瓣門簾

織法：74

衣架套
織法：75

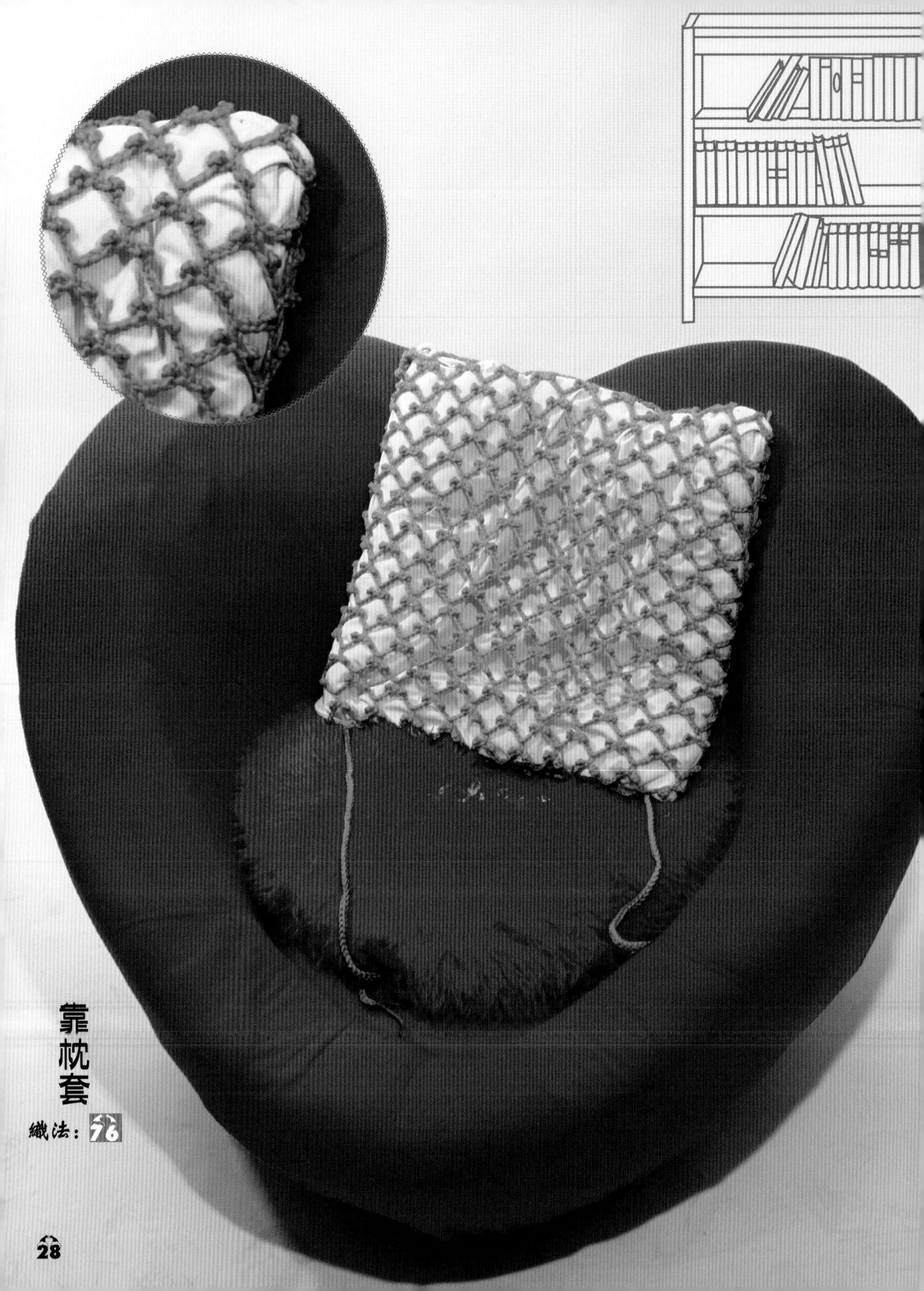

靠枕套

織法：76

臥室腳墊
織法：77

地板墊

織法：78

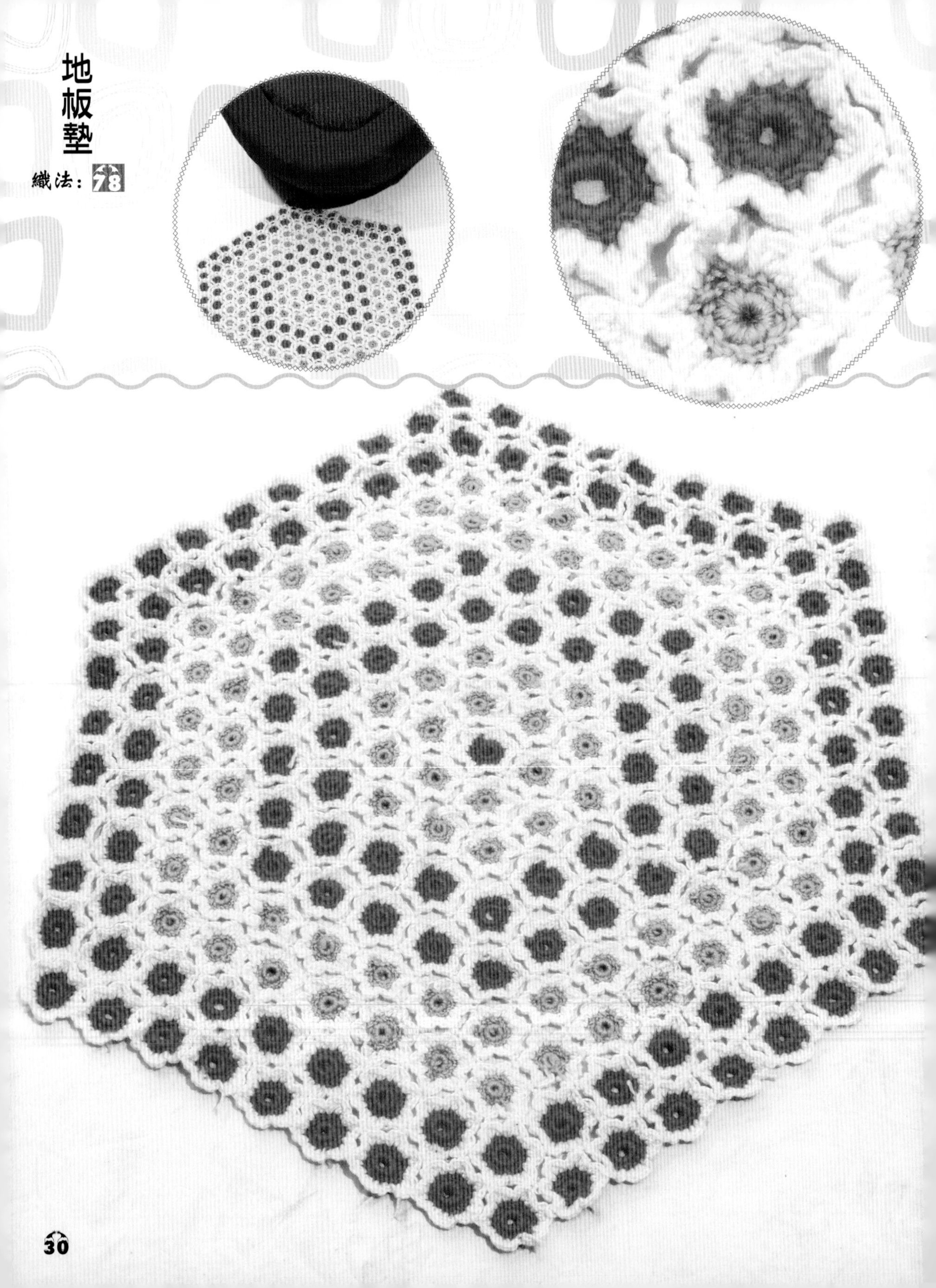

沙發靠背三角巾

織法：79

西餐盤墊

織法：80

收納袋

做法：81

錢包

織法：82

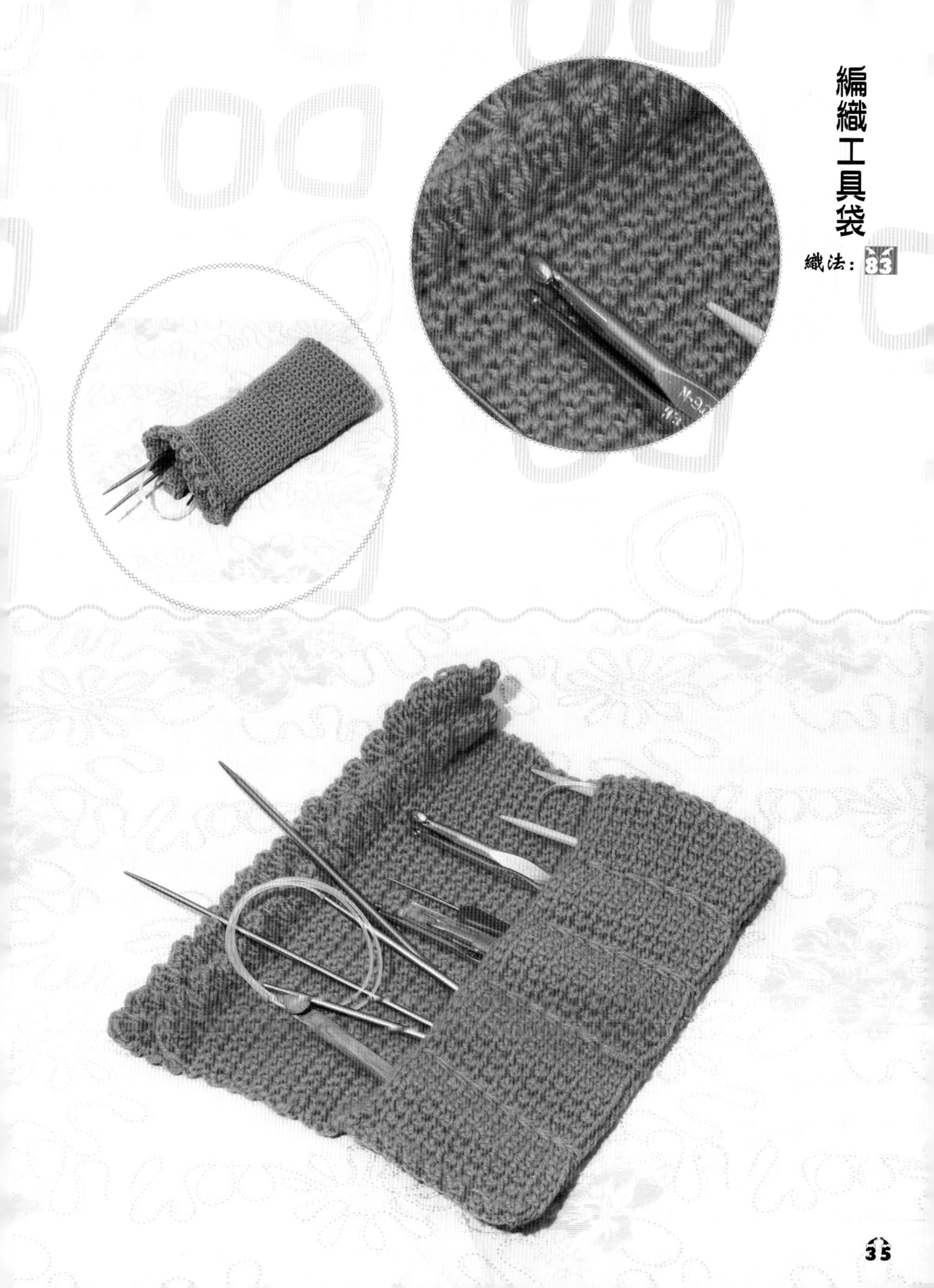

編織工具袋

織法：83

嬰兒枕套

織法：8

多用滑鼠墊

織法：85

抽屜防鏽把手套

織法：P.8

飲水機蓋布

織法：87

烤箱手套

織法：8

洗碗布

織法：89

花團椅墊

織法：90

小獅子擦地拖鞋

織法：91

車票卡套

織法：9

車把手

織法：93

自行車座套
織法：94

車座頭靠枕

織法：95

基本織法

1 鉤針持線持針方法

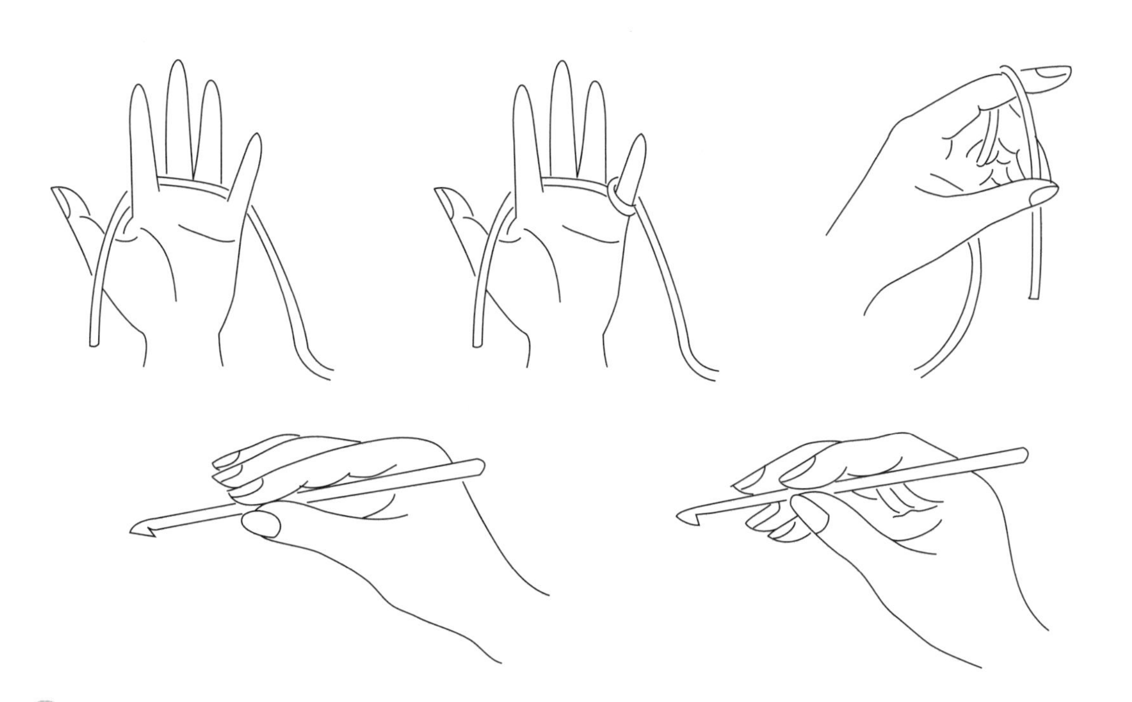

2 鉤針起針方法

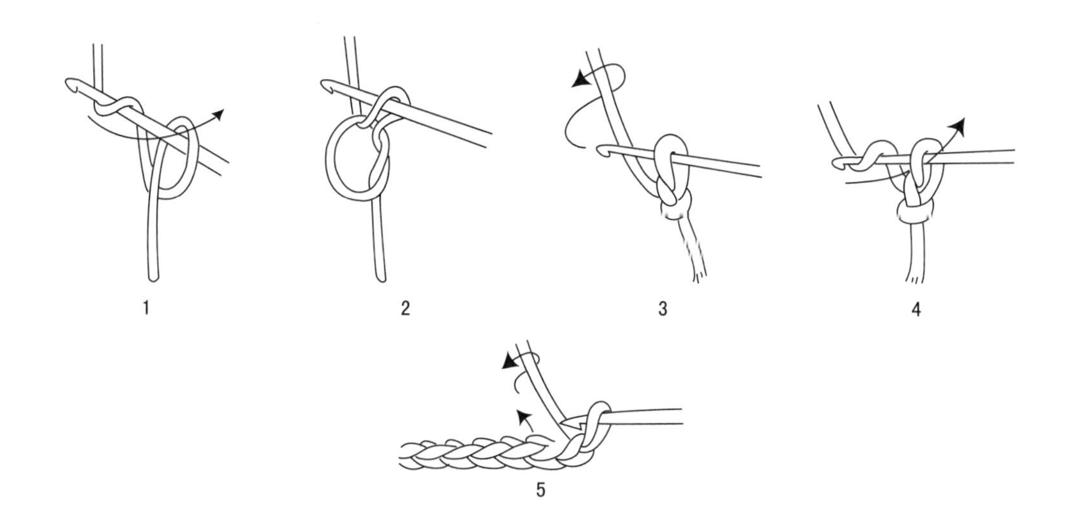

3 短針

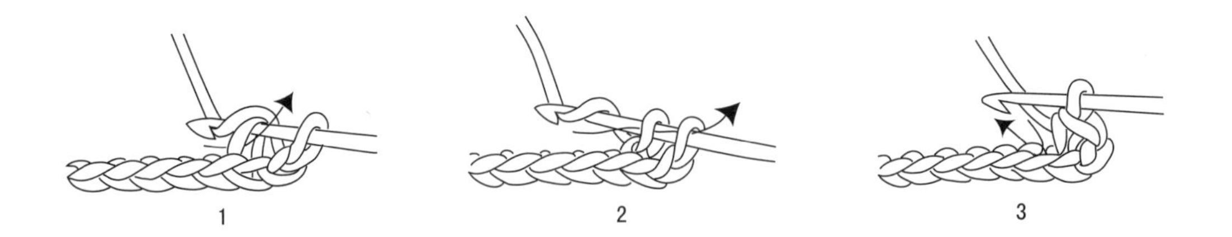

4 長針

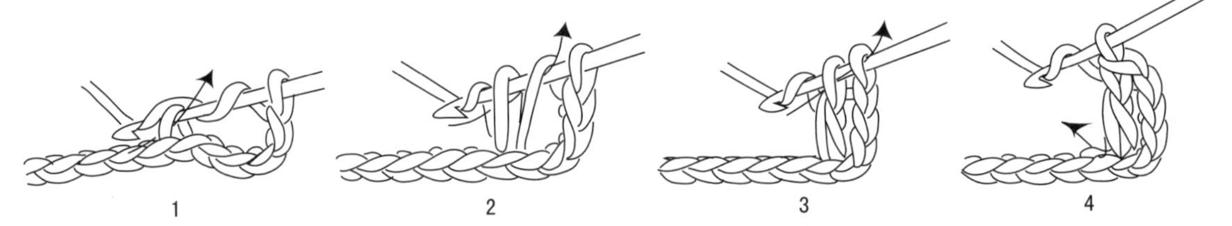

5 花邊鉤法

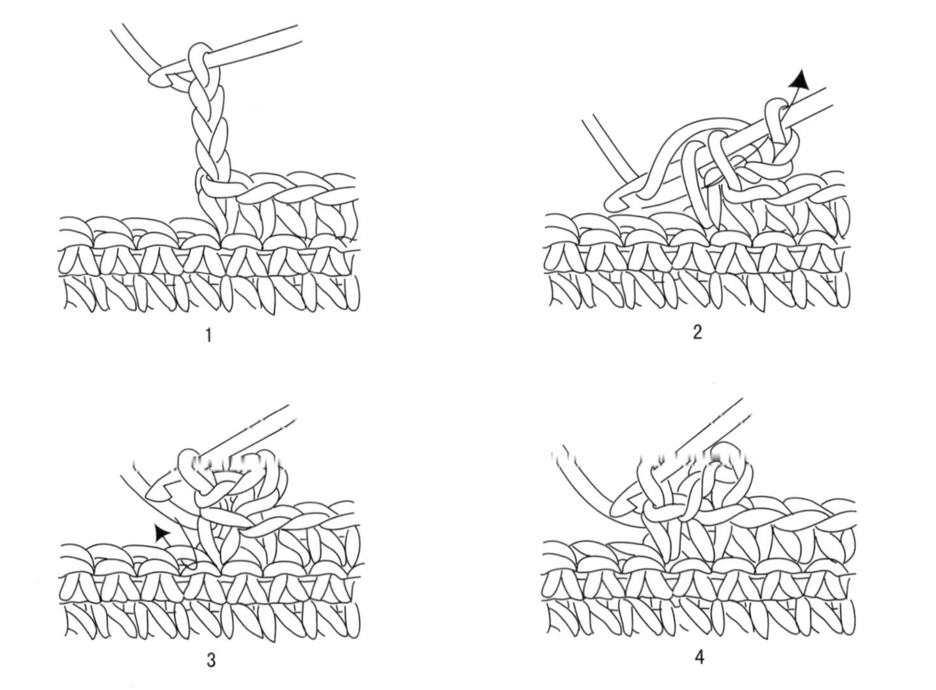

6 棒針持線持針方法

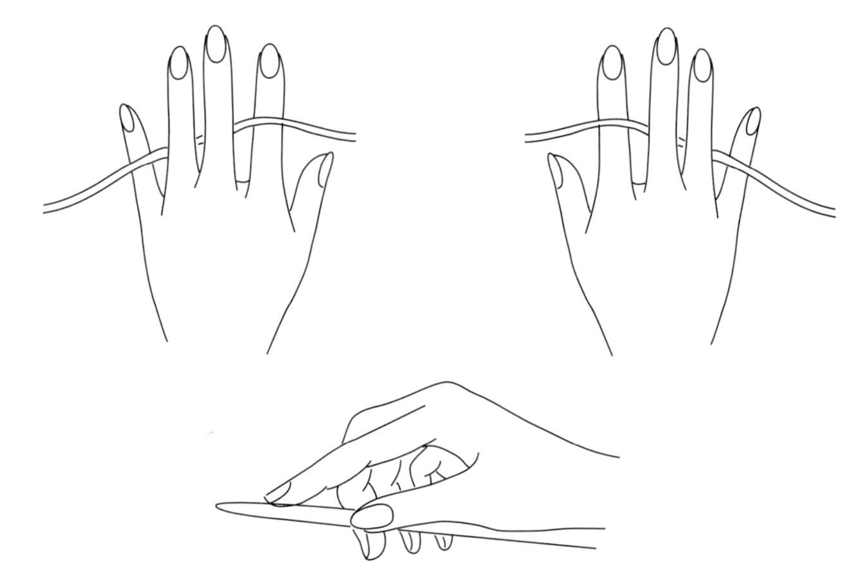

7 棒針繞線起針方法

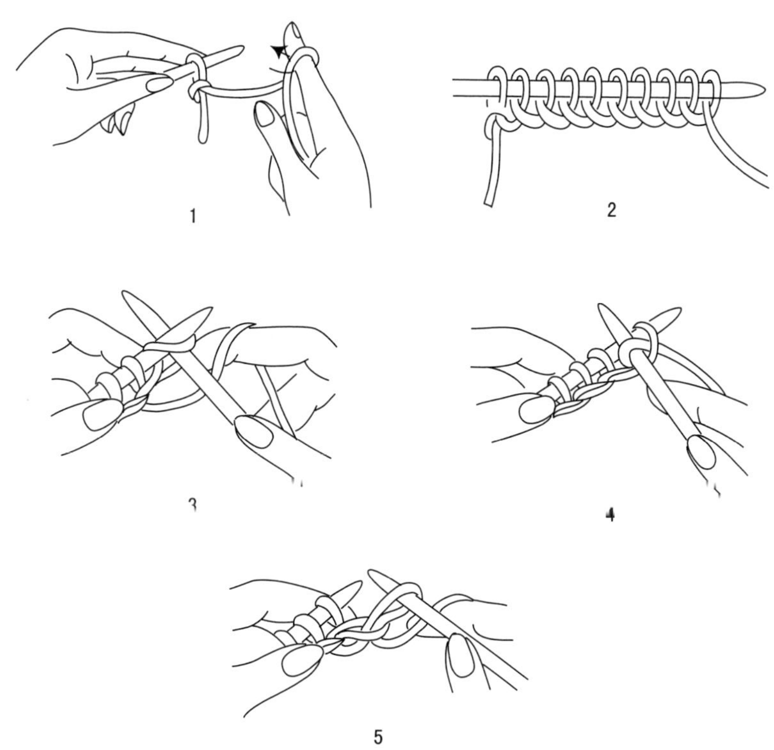

8 彈性邊起針方法

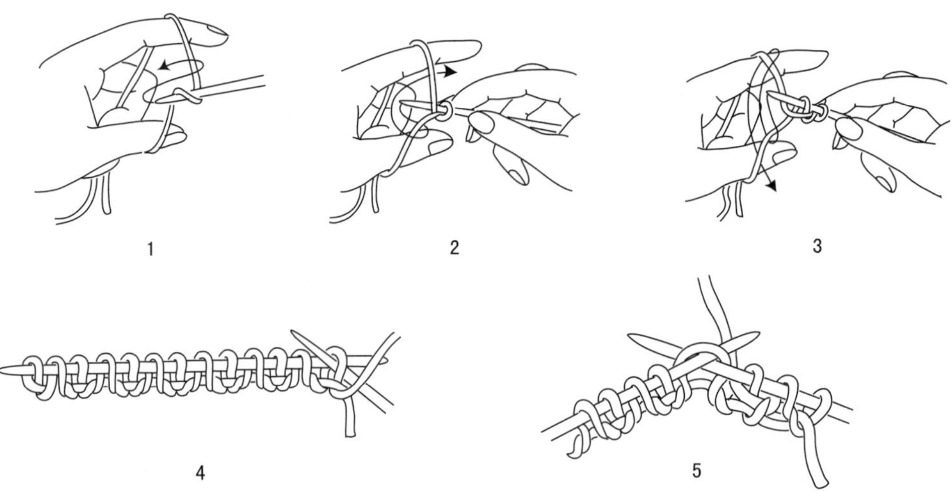

9 收平邊

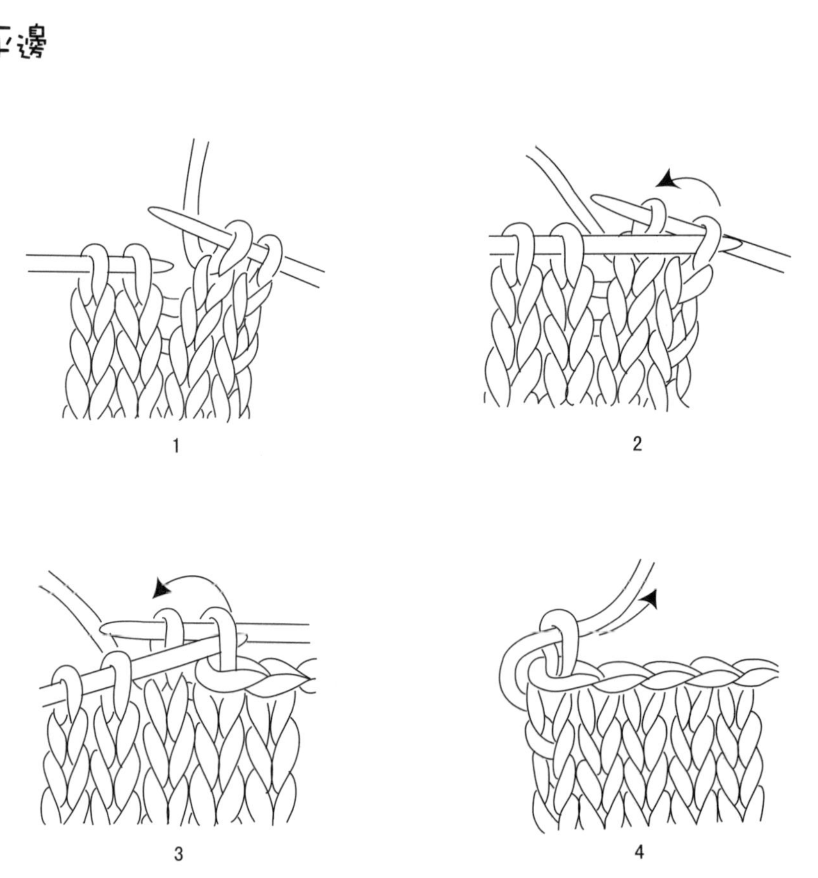

10 雙針繞線起針法(起平邊)

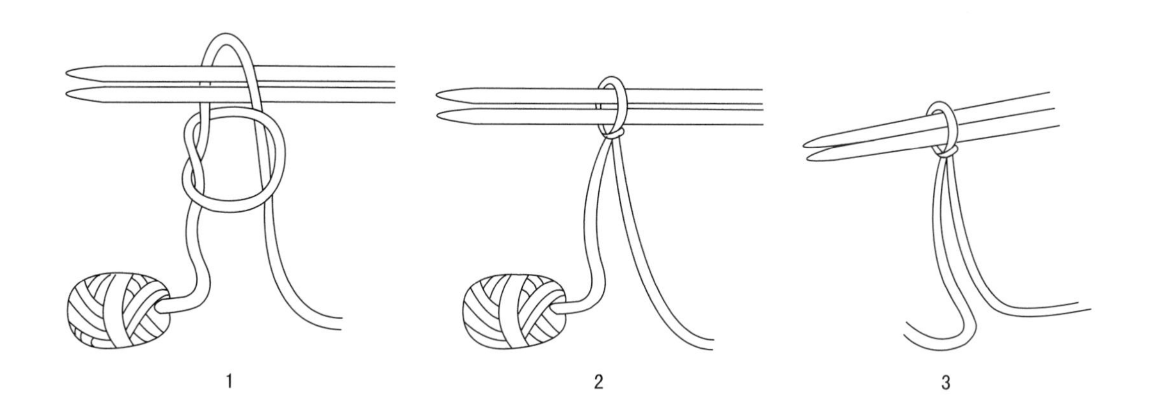

1 2 3

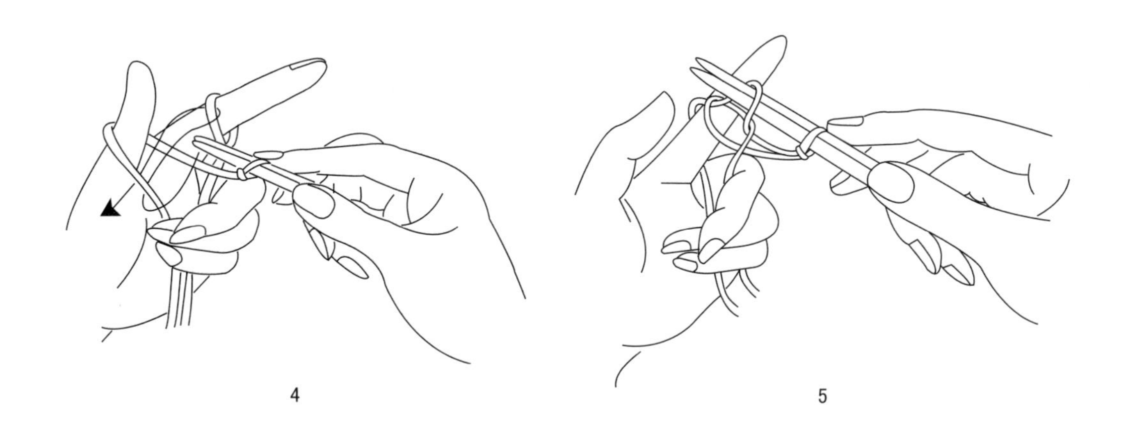

4 5

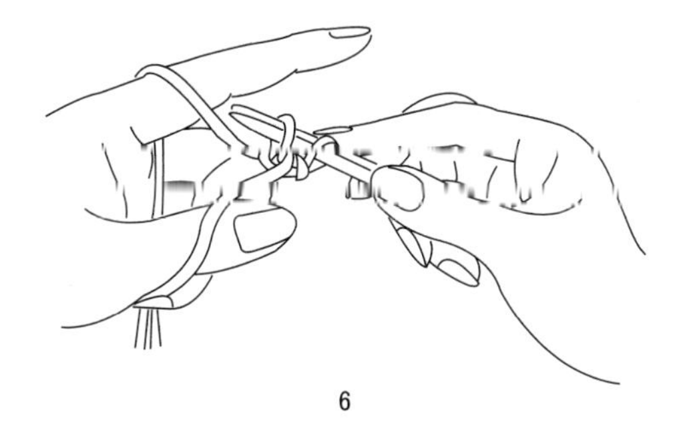

6

7

11 鈎針配合起針方法(起平邊)

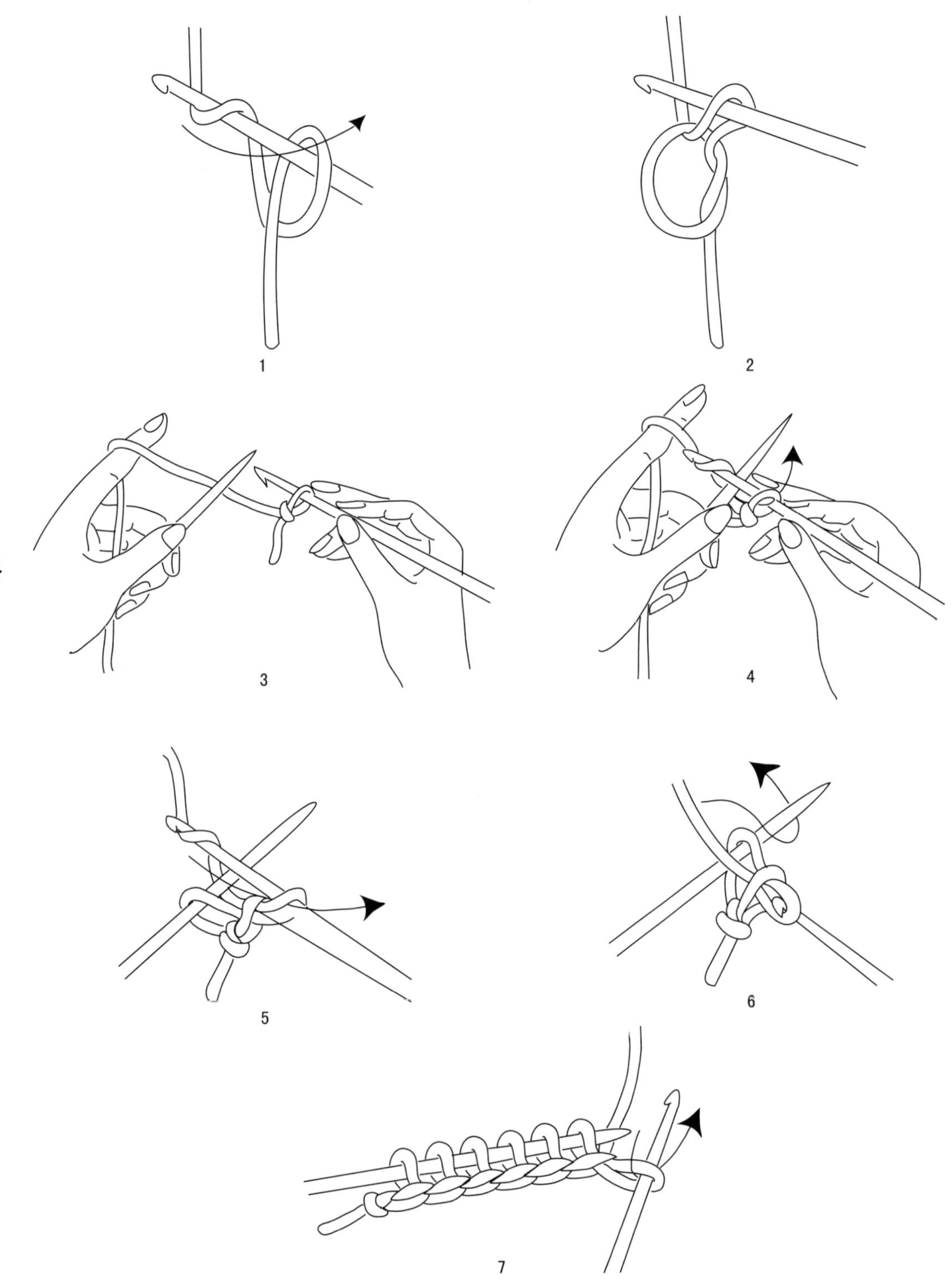

12 引返編織法

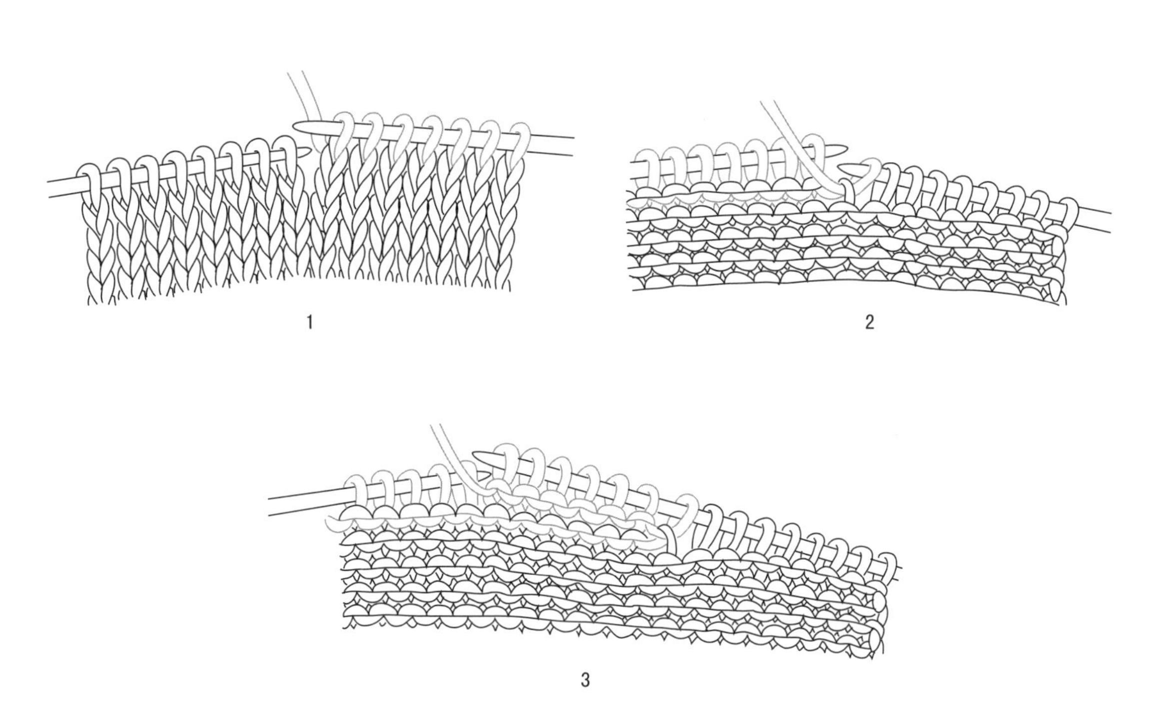

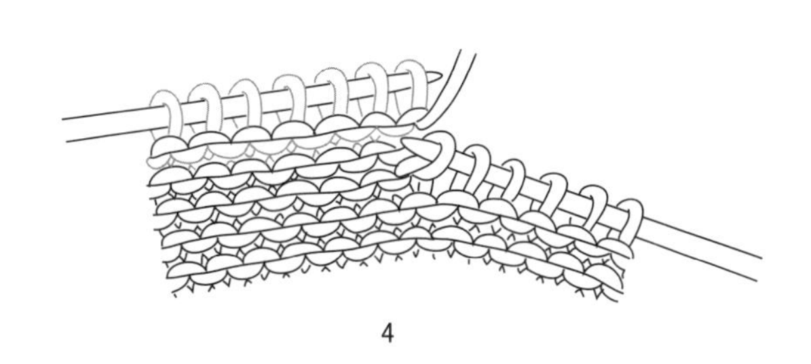

4

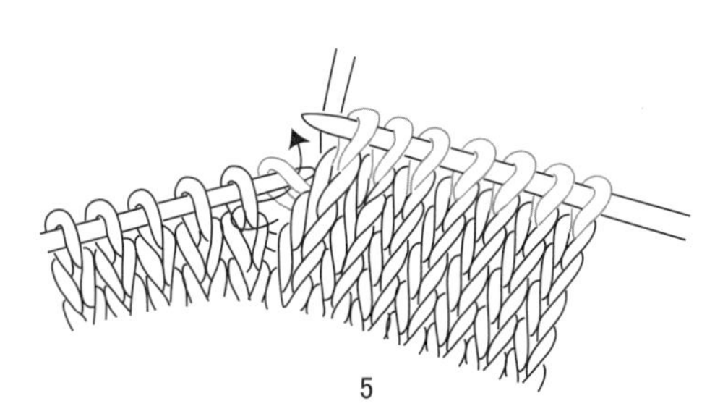

5

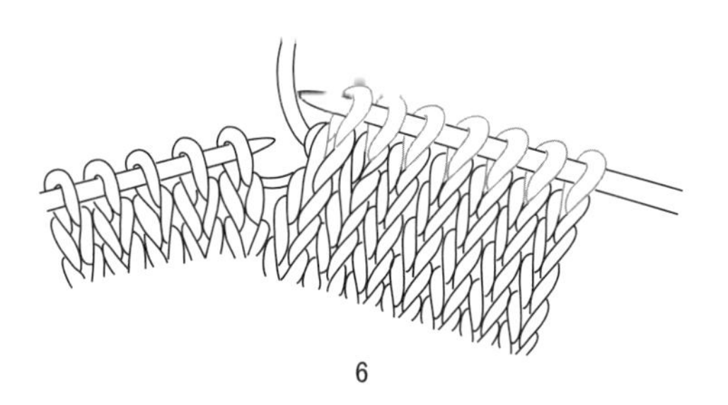

6

花朵圓桌布

材料：毛粗線　　**工具：**5.0鉤針

編織說明：　按圖鉤花朵，邊鉤花朵邊連接。

鉤花朵時，鎖針要鬆緊適度，否則花朵會大小不一。

茶壺套

材料：純毛粗線　　**工具：**6號針　3.0鉤針

編織說明：　織一個長片，至1/2長度時平收針後，再平加針，形成開口；織夠相應長度時，對頭縫合，中間留一段不縫合為壺嘴開口。在頂部串起小繩拉緊，並縫好裝飾的花朵。

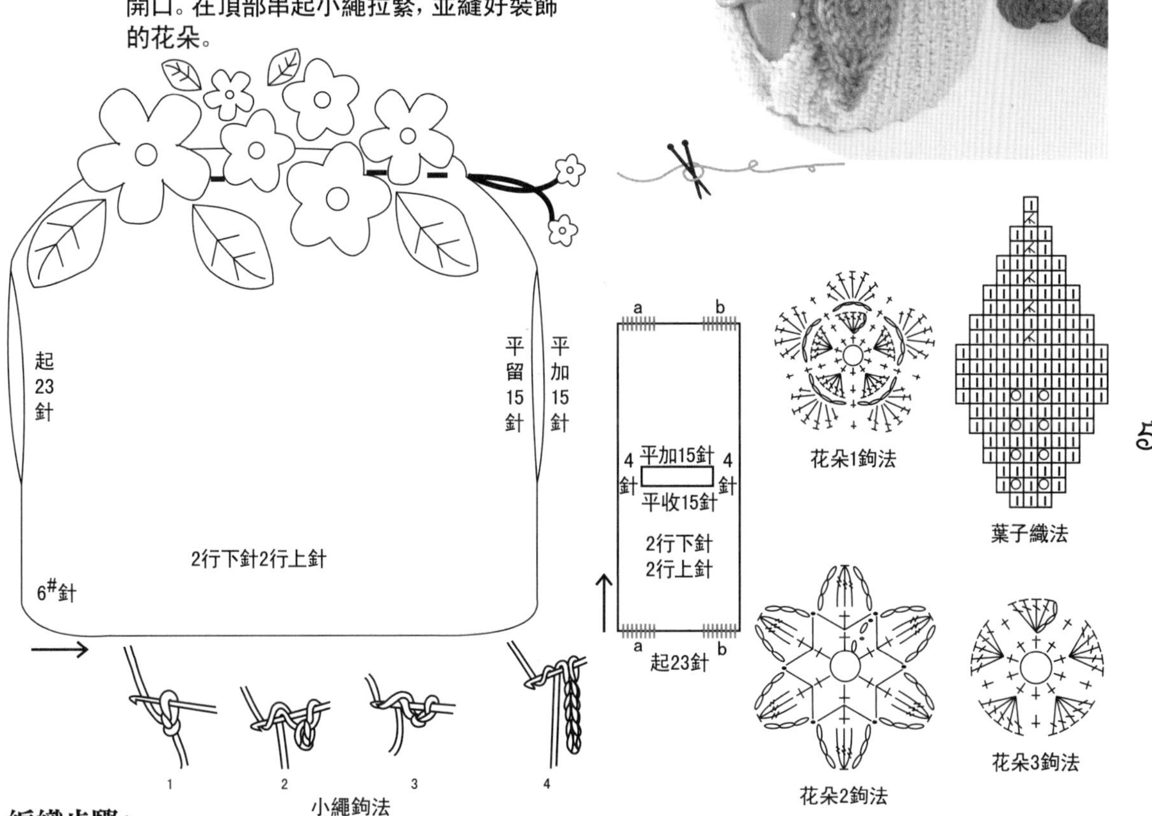

小繩鉤法

花朵1鉤法

葉子織法

花朵2鉤法

花朵3鉤法

編織步驟：

1. 用6號針起23針織2行下針2行上針長片，織13公分處時，平收正中15針後，再平加出15針，合成原有針目繼續向上織。
2. 總長度夠25公分時按相同字母對頭縫合，留中間5公分為壺嘴位置。
3. 用小繩將一側邊緣所有針目拉緊並繫好花朵。
4. 按圖鉤花朵，綠色線織葉子，縫合於抽繩上下位置。

壺嘴的開口略小一些，把手處的開口略大。

玻璃杯套

材料：純毛粗線　　　　**工具：**6號針　5.0鉤針

編織說明： 織一個星星針的長方形片，用鉤針在長片的四周鉤鎖針做扣套，花朵縫在相應位置。

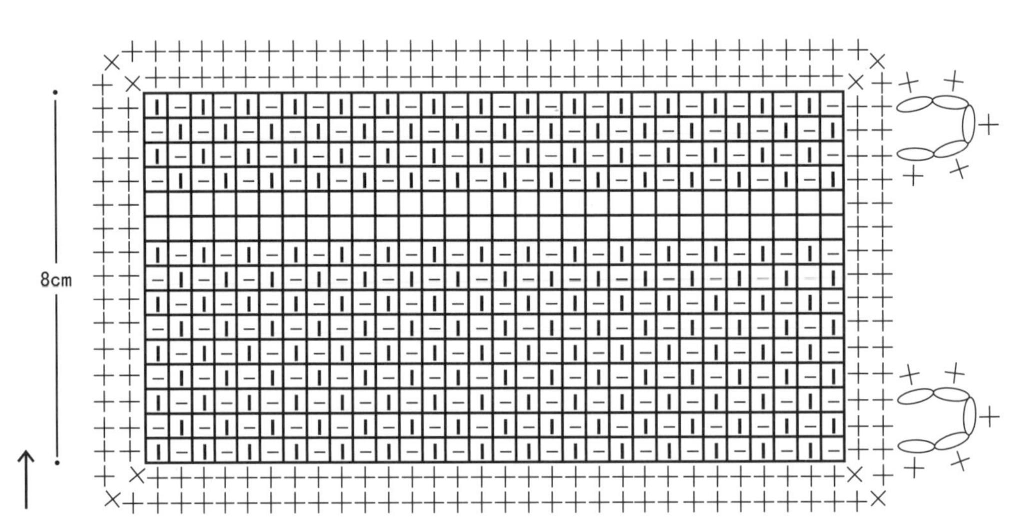

編織步驟：

1. 用6號針起30針織8公分星星針。
2. 收彈性邊，並在四周鉤2行短針。
3. 按圖解鉤花朵。
4. 用5.0鉤針鉤鎖針做扣套，用手針縫好花朵做扣子。

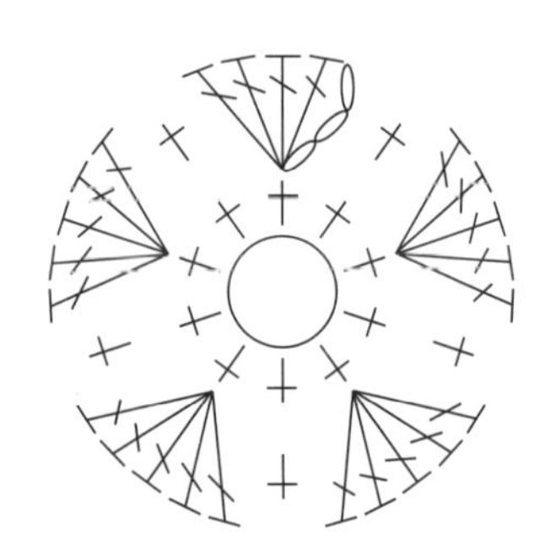

星星針外觀是顆粒狀，既隔熱又防滑。

花盆套

材料：純毛中粗線　　　　　**工具：**5.0鉤針

編織說明：　用5.0鉤針按圖鉤5朵小花，花朵之間用鎖針連接。

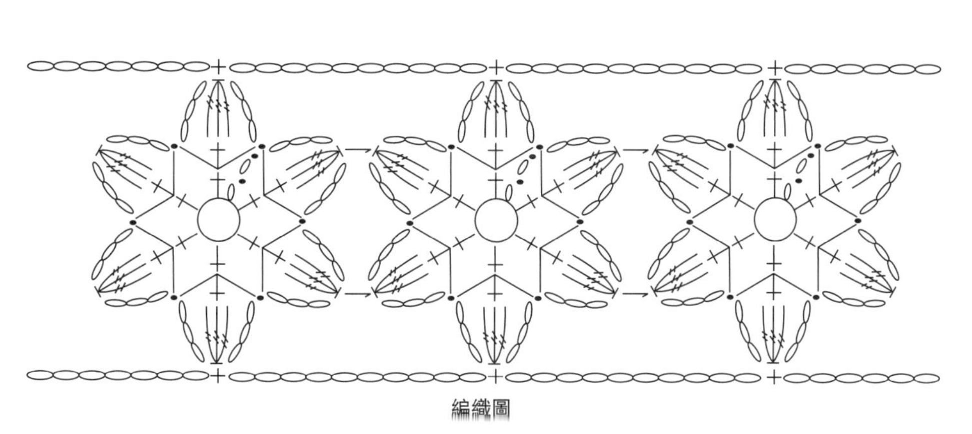

編織圖

溫馨提示

連接花朵的鎖針要緊密結實，否則不容易固定。

玻璃瓶套

材料：純毛粗線　　**工具：**6號針

編織說明： 往返織一個長條，在相應位置縫好扣子。

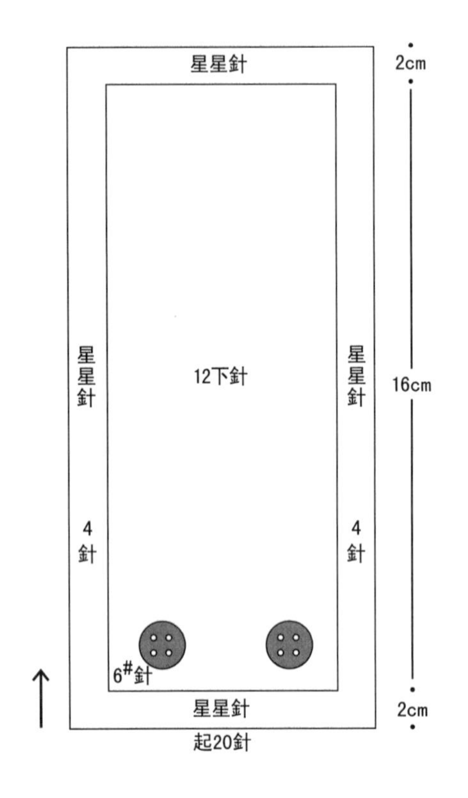

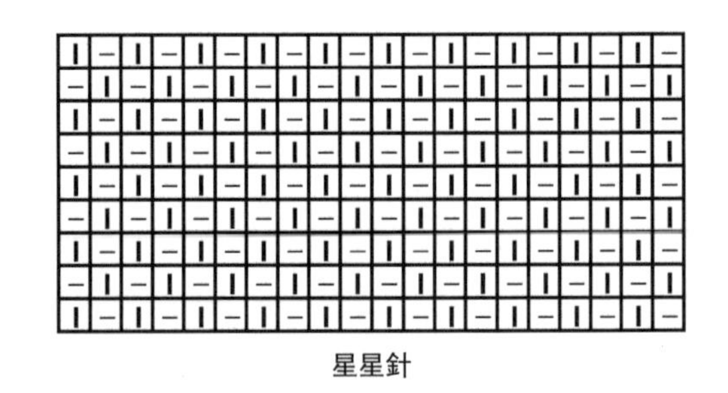

星星針

編織步驟：

1. 用6號針起20針，往返織2公分星星針。
2. 兩側各4針星星針，中間12針下針，織16公分後，再改針織2公分星星針，收彈性邊。
3. 在一側縫兩個紐扣，扣入編織紋理的縫隙內。

毛線有良好的彈性，織物的尺寸要略小於實物尺寸。

knitting

茶杯套

材料：純毛粗線　　　　**工具：**6號針　5.0鉤針

編織說明：　織一個星星針的長片，最後一公分合圈織，收針後，在起針位置鉤荷葉花，並在開口處縫好扣子。

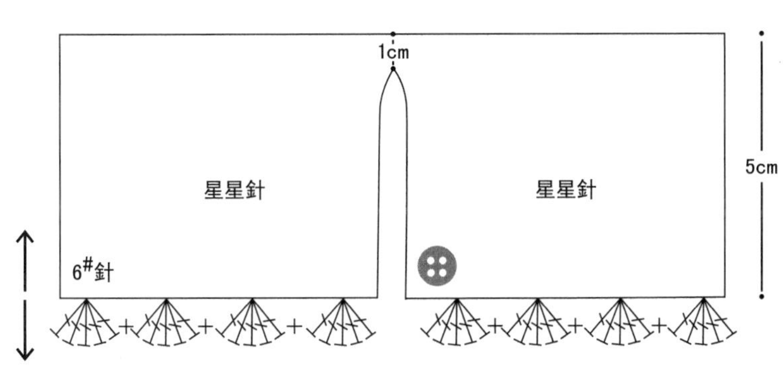

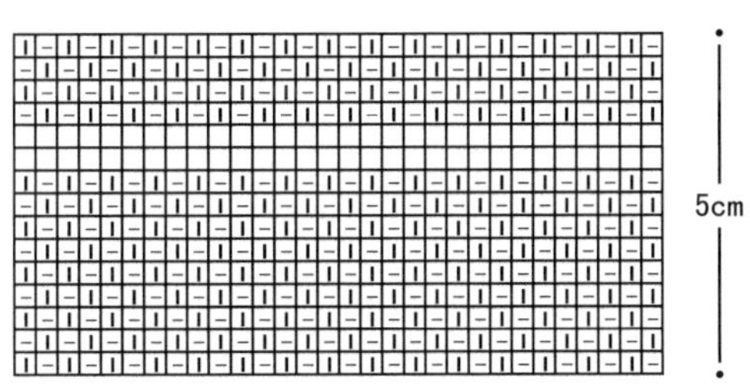

星星針

編織步驟：

1. 用6號針起30針織5公分星星針，然後再合圈織1公分，收彈性邊。
2. 在起針處鉤1行荷葉邊，並在此處縫一個小扣。

溫馨提示　鉤針的密度與棒針的密度不同，所以荷葉邊不要鉤得太密集，以保持杯套平展。

面紙盒罩

材料： 純毛粗線　　**工具：** 5.0鉤針

編織說明： 鉤20個方片，按圖縫合，開口位置盒頂正中的兩片不縫，在邊緣鉤一圈短針。

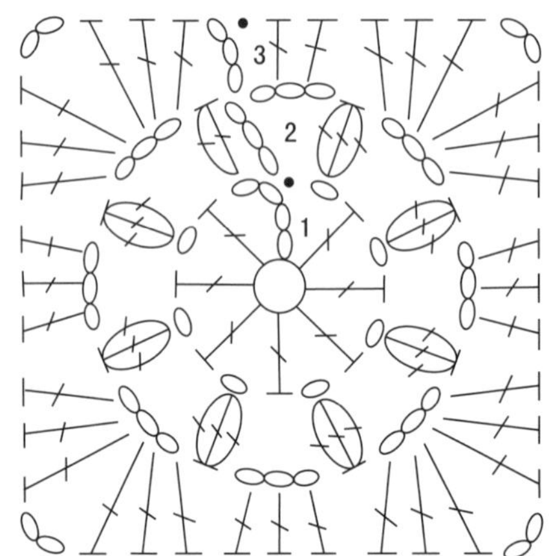

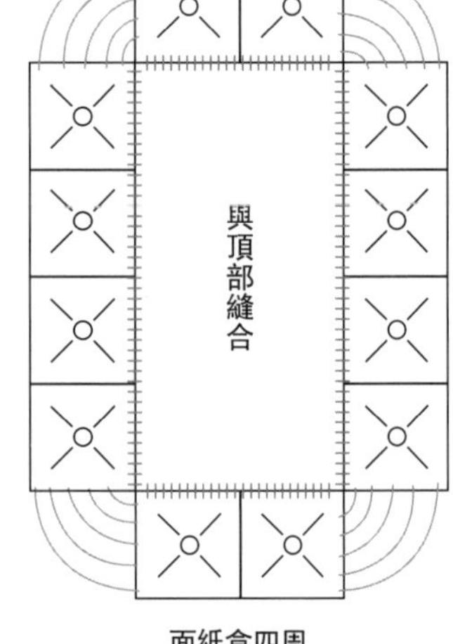

面紙盒四周

面紙盒頂部

各拐角處應多縫幾針，避免紙盒角外露。

knitting

桌角防護套

材料：純毛粗線　　**工具：**8號針　5.0鉤針

編織說明： 起5針織下針並在兩側行行加針，以正中5針為挑入點，一邊向上織，一邊減去原來加出的針目，最後縫合花朵。

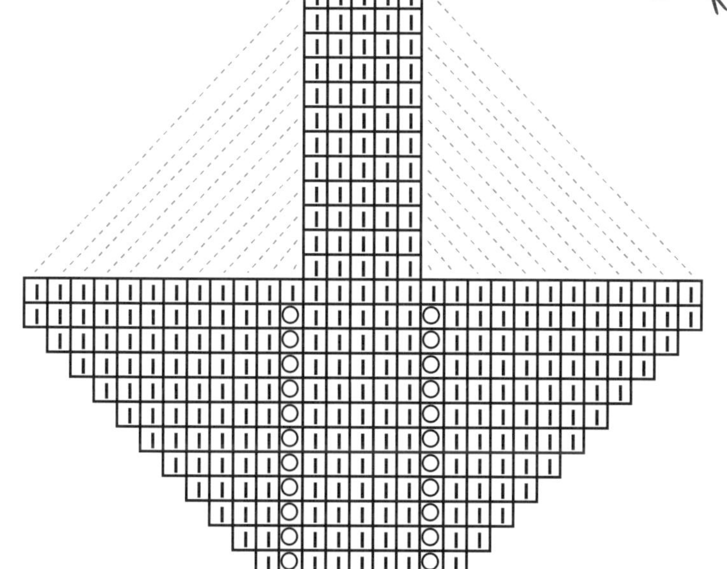

編織步驟：

1. 用8號針起5針織下針。在5針的左右每行加1針加12次。
2. 只織正中5針，兩側的12針依次挑入減針。
3. 按圖鉤好花朵，縫合於夾角位置。

溫馨提示

如果防護套還不夠牢固，可以用圖釘在桌子背面固定。

照片框花邊

材料：純毛中粗線　　　　**工具：**5.0鉤針

編織說明：　按圖鉤一個長花邊，黏在鏡框四周。

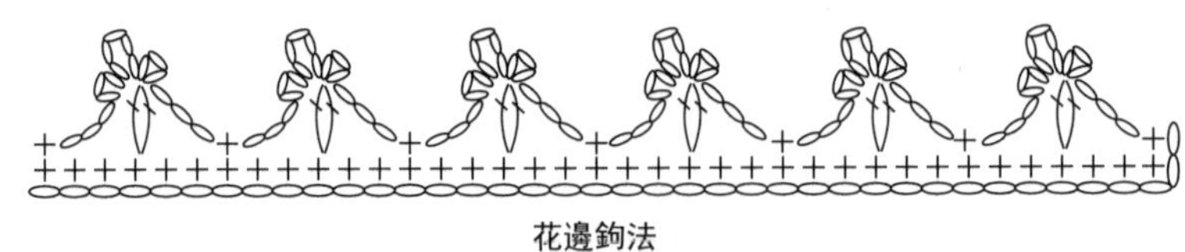

花邊鉤法

為使花邊保持一定的硬度，可改用塑料絲線鉤織。

開關牆貼

材料： 純毛粗線　　　　**工具：** 3.0鉤針

編織說明： 鉤8朵花，在花朵間環鉤短針，依照開關的大小來決定一圈內所鉤短針數量。

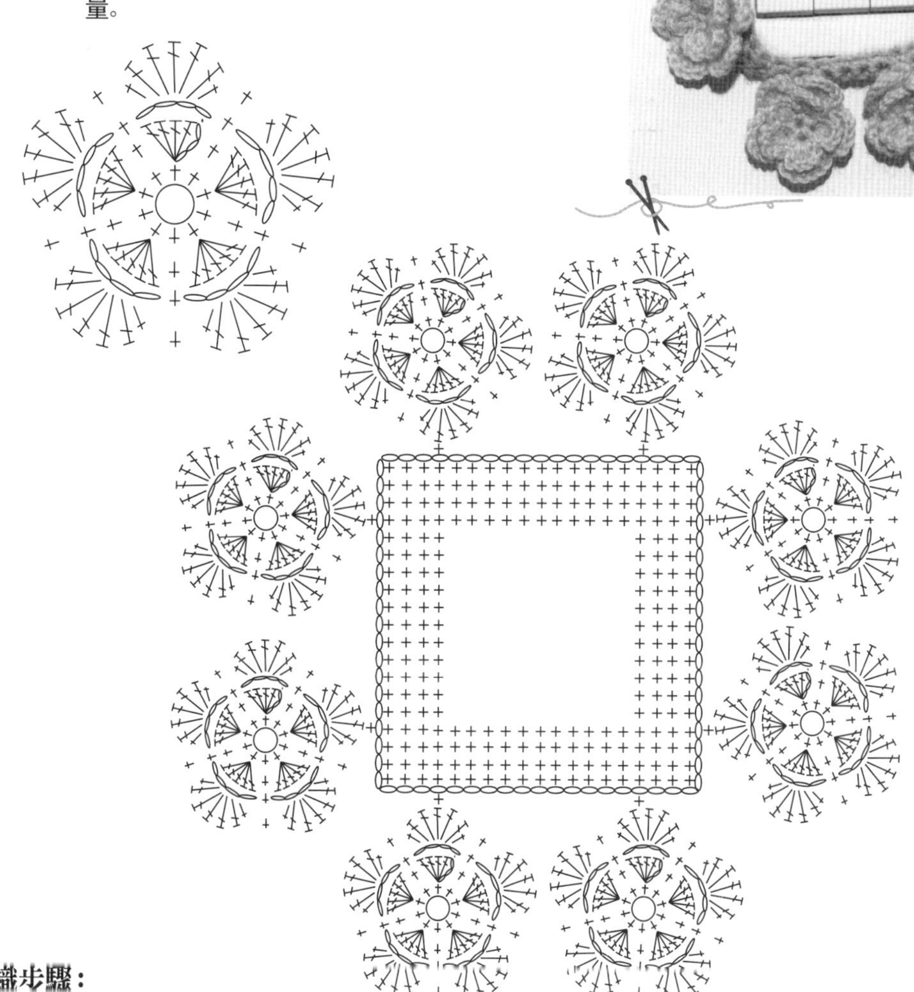

編織步驟：

1. 按圖鉤8個雙層花朵。
2. 以短針連接各花朵，夾角處隔1行減1針。

溫馨提示

鉤織時，開口略小於開關座面積，毛線天然的彈性剛好能套住開關座。

檯燈罩

材料：棉線　　　**工具：**3.0鉤針

編織說明：　從正中向四周鉤網紋針，規律加針呈傘狀。

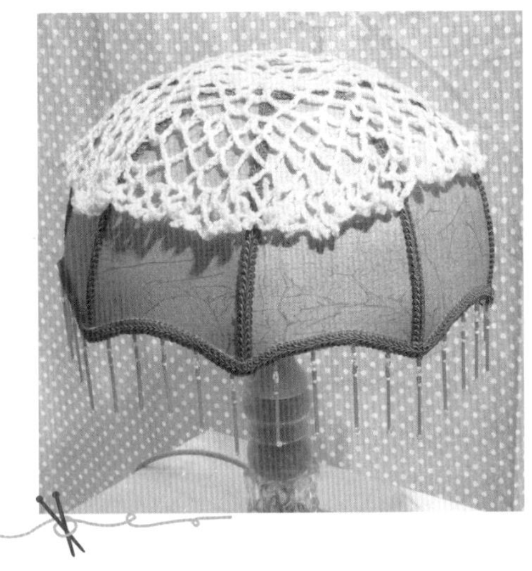

棉線柔軟又具有下垂感，更能表現織物細膩精美的紋理。

電話墊

材料：純毛粗線　　**工具：**5.0鉤針

編織說明： 用5.0鉤針鉤四個方片，用手針縫合各片形成大片。在大片的四周鉤五行鎖針。

溫馨提示

縫合各片要對齊邊緣針目，縫出的效果和織的一樣整齊漂亮。

咖啡杯墊

材料：純毛粗線　　　　**工具：**3.0鉤針

編織說明：　按圖用3.0鉤針鉤一個方片。在方片的四周鉤三行網紋。

溫馨提示

花邊採用網紋針的時候，鉤密實些會更有層次感。

話筒套

材料：純毛中粗線　　**工具：**5.0鉤針

編織說明： 用5.0鉤針起19針鉤長針，至12公分時收針並縫合於話筒上，按圖鉤兩朵雙層花，縫合固定。

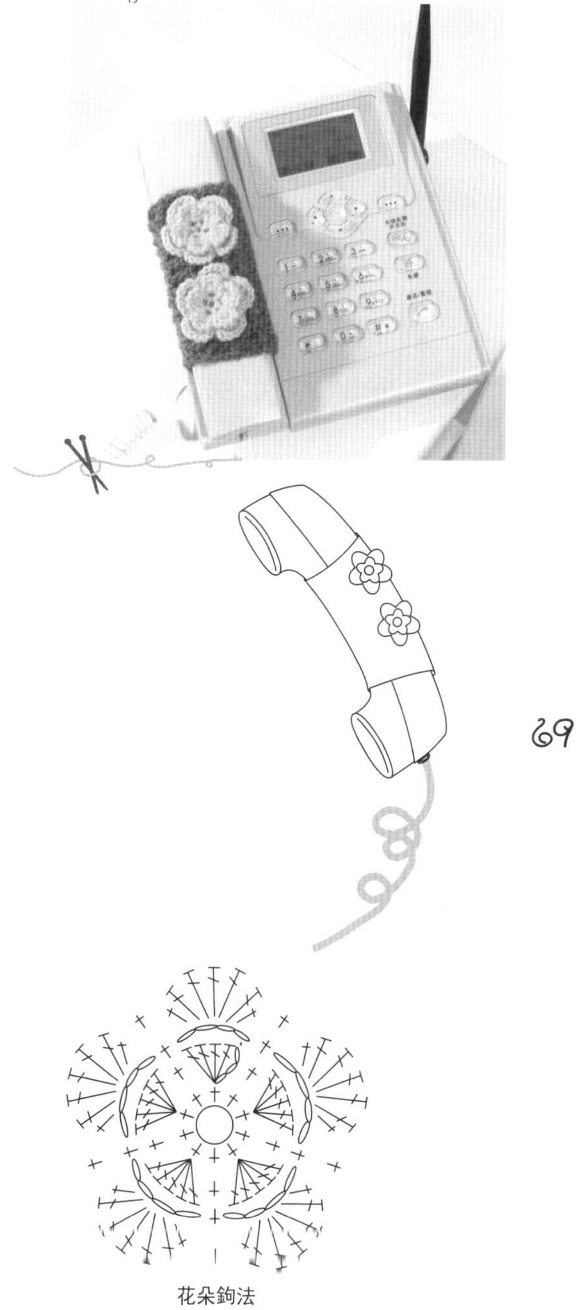

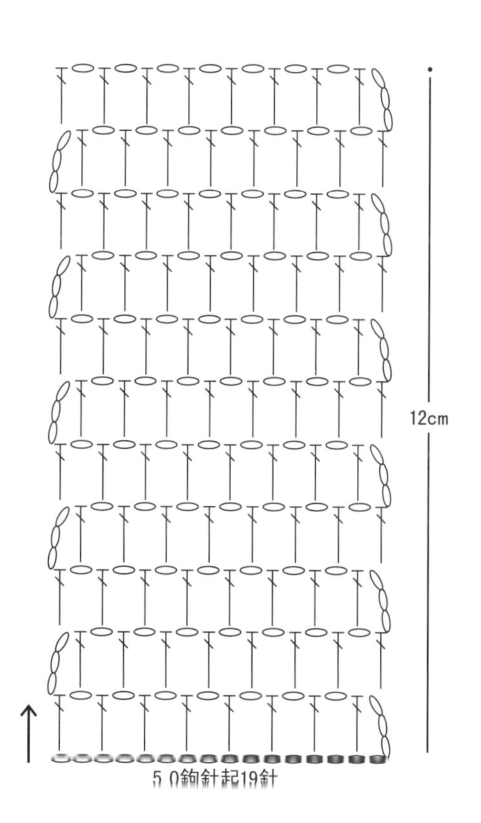

溫馨提示

長針不要鉤得過鬆，以免使用時間一久容易變形。

電話蓋巾

材料： 純毛粗線　　　　　**工具：** 5.0鉤針

編織說明： 從中間向四周鉤，用手法控制蓋巾針目密度，中部緊，四周略鬆。

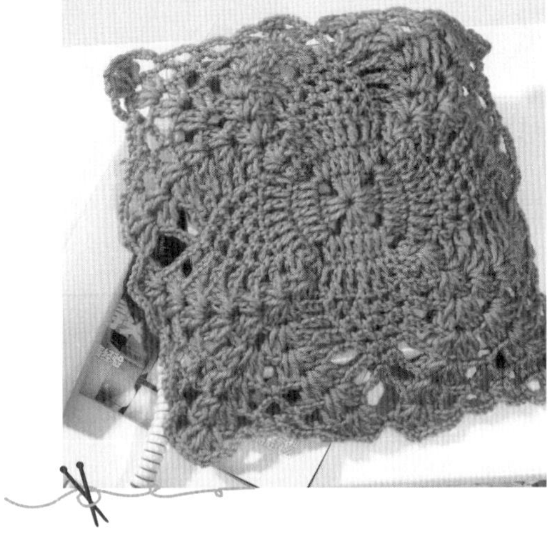

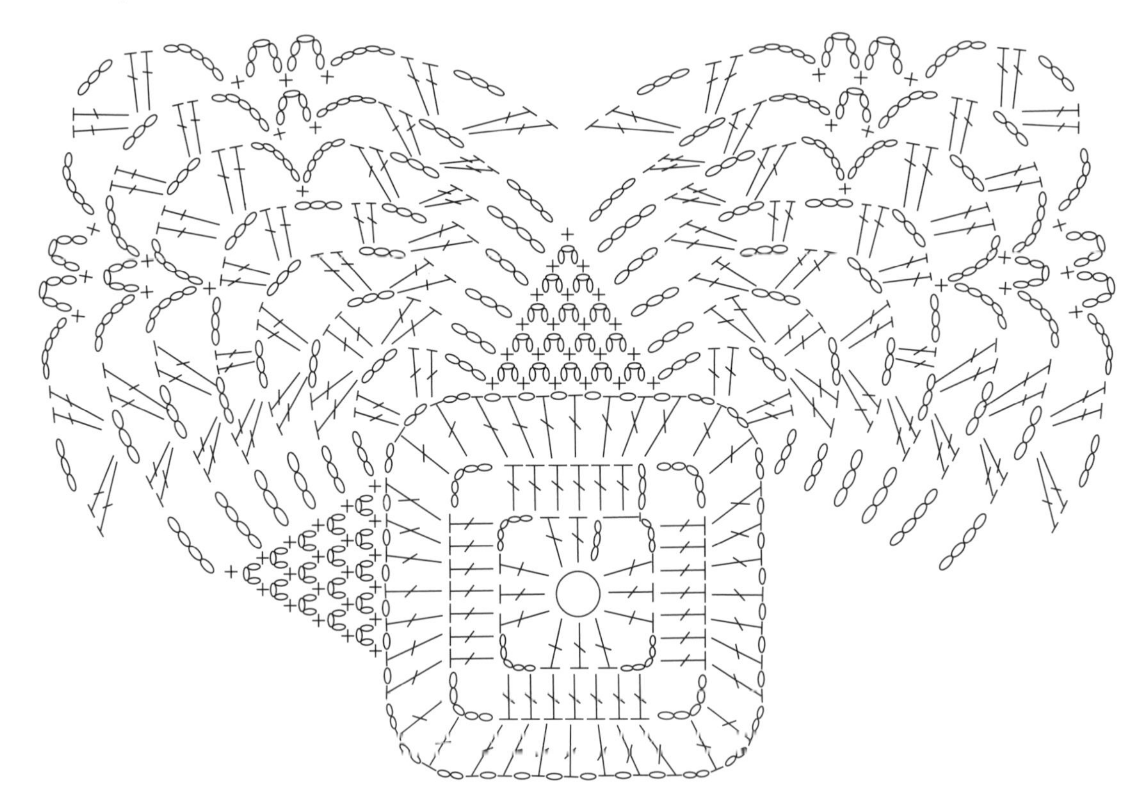

溫馨提示

如果鉤出的織物不夠平展，可放入水中浸濕，不擰乾，直接放在桌子上輕拍整理，自然風乾後即可平展而整齊。

小桌布

材料：純毛粗線　　　　**工具：**5.0鉤針

編織說明： 分別鉤四個小方片並縫合成一個大方片，在四周再鉤8行短針，拐角處按圖加針。

編織步驟：

1. 按圖鉤四個正方形的方片。
2. 用手針縫合各片，形成正方形的大片。
3. 用5.0鉤針在大片的四周鉤8行短針。

為突出桌布方片的紋理，四邊的短針可略鉤緊些，使桌布整體效果緊密且精緻。

手機套

材料：純毛粗線　　　　　　**工具：**6號針　3.0鉤針

編織說明：

從小裙領口起針後環形織羅紋，然後分別織前後片，合針後織相應長度，收針並鉤好花邊。左右開口是袖口，後挑織袖子，最後串入抽繩。

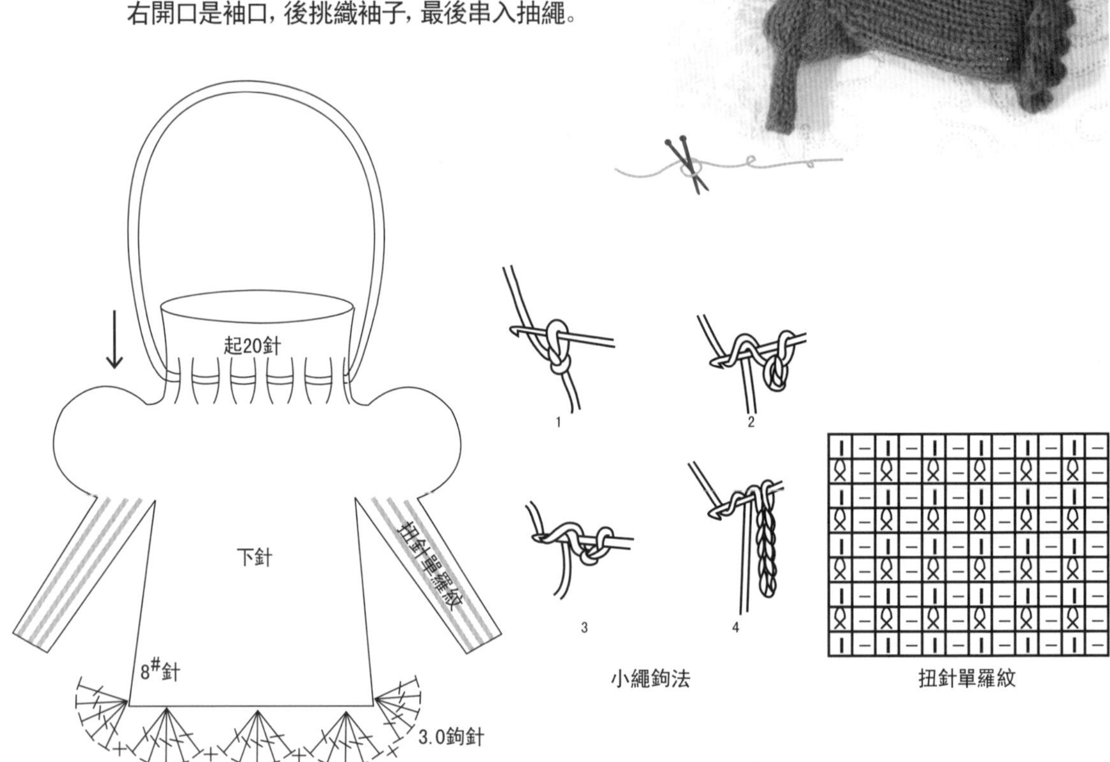

編織步驟：

1. 用8號針起20針織3公分扭針單羅紋。
2. 改織下針，前後各10針分片織3公分後合針織圈至10公分處收針縫合，並用3.0鉤針鉤兩行荷葉邊。
3. 從兩袖的開口處挑出16針織2公分下針後，減至8針織3公分扭針單羅紋後收針。
4. 鉤一根長繩，串入開口的羅紋處做抽繩。

環織較少針目時，可用短毛衣針，並拉緊換針位置，否則會出現很寬的接縫印。

鑰匙包

材料： 純毛中粗線　　**工具：** 5.0鉤針

編織說明： 按圖鉤短針的長方形，相應長度後在兩邊減針並留好扣眼，把花朵縫在相應位置做扣子。

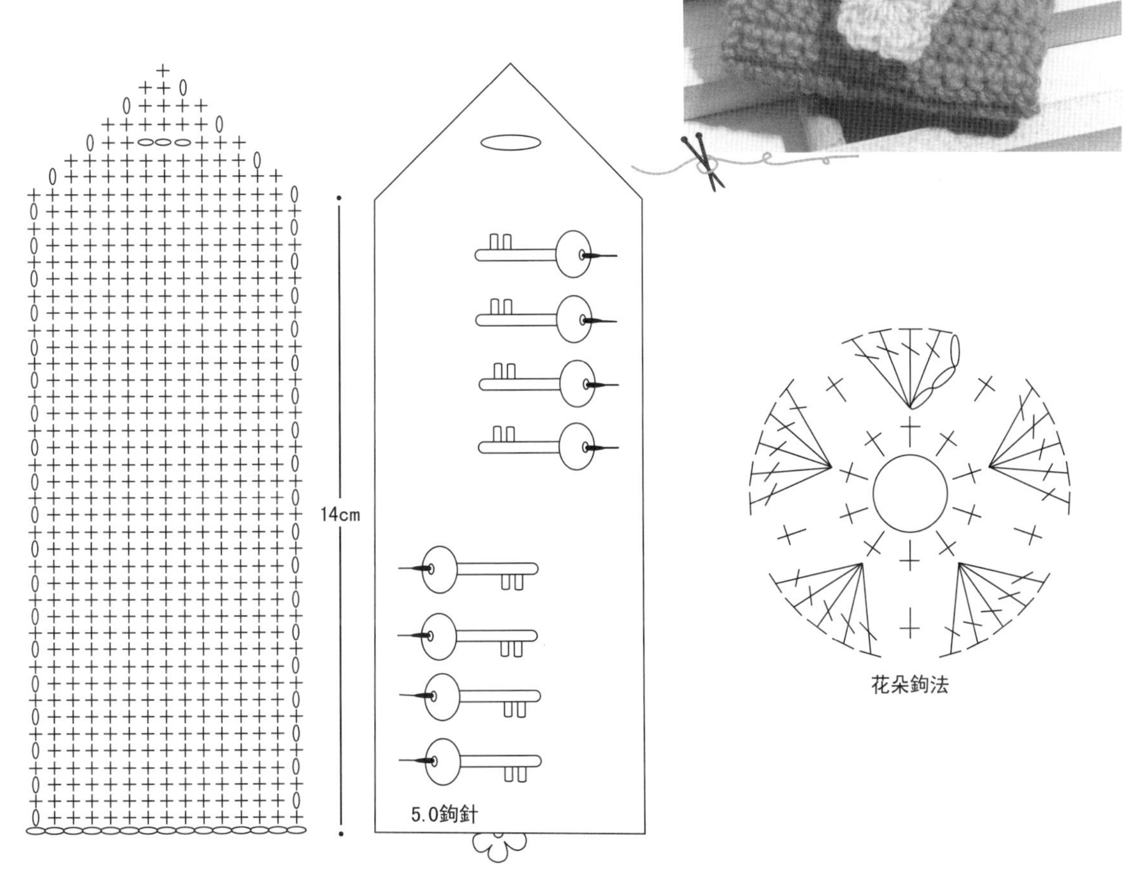

編織步驟：

1. 用5.0鉤針起15針鉤14公分短針後，開始在兩側每行減2針。
2. 在相應位置鉤3針鎖針，下一行從鎖針內鉤，形成扣眼。
3. 按圖鉤好花朵縫在相應位置，以花朵做扣子固定鑰匙包。

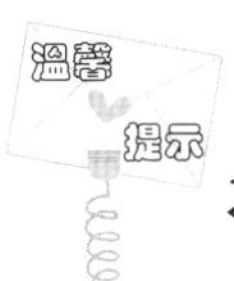

扣眼不必留大，花朵有彈性，即使扣眼小一些也能順利扣入。

花瓣門簾

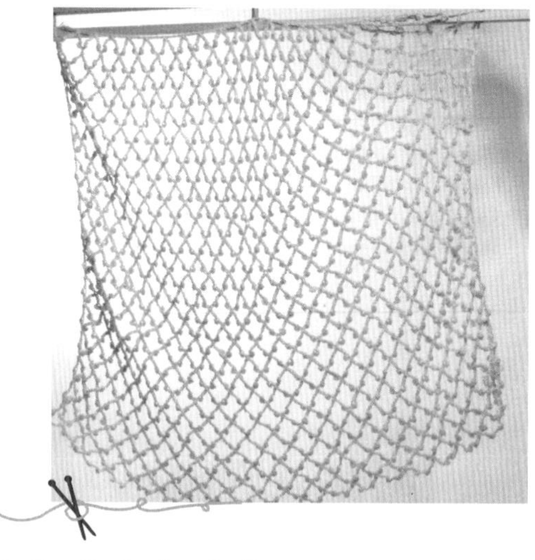

材料：純毛中粗線　　　　　　**工具：**5.0鉤針

編織說明：　用花蕾網紋針鉤一個長方形的大片形成門簾。

編織步驟：

1 用3.0鉤針起120針鎖針鉤花蕾網紋，至70公分時收針。

鉤織品厚重的話，很容易變形，所以僅適用於裝飾。

衣架套

材料：純毛中粗線　　　　　　**工具：**5.0鉤針

編織說明：　按圖鉤一個小圓片，從圓片的四周環形向上鉤，至相應位置鉤荷葉邊。

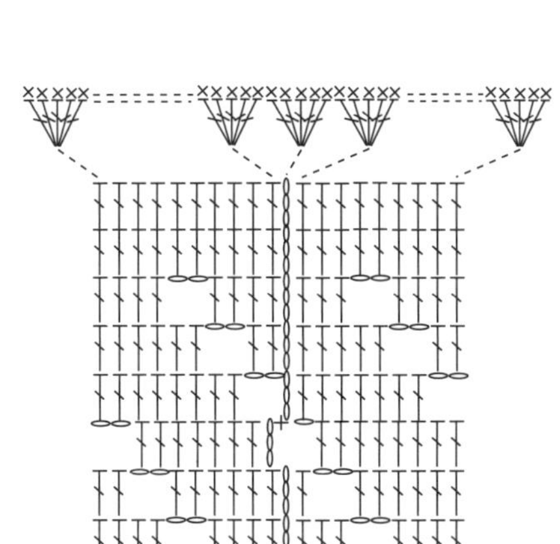

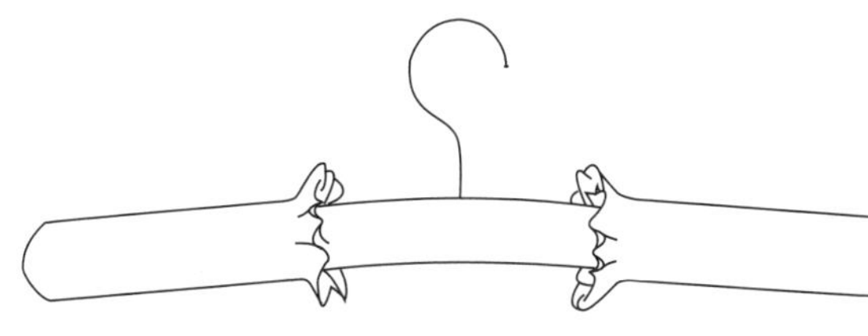

衣架套不要鉤得過鬆，比衣架略緊些，套上後剛好。

靠枕套

材料：純毛粗線　　**工具：**5.0鉤針

編織說明： 環形鉤一個網紋的方袋子和一根長繩之後放入枕芯，把長繩串好繫緊。

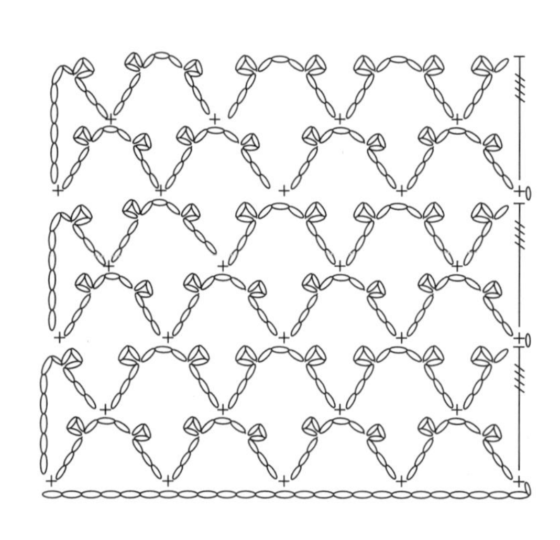

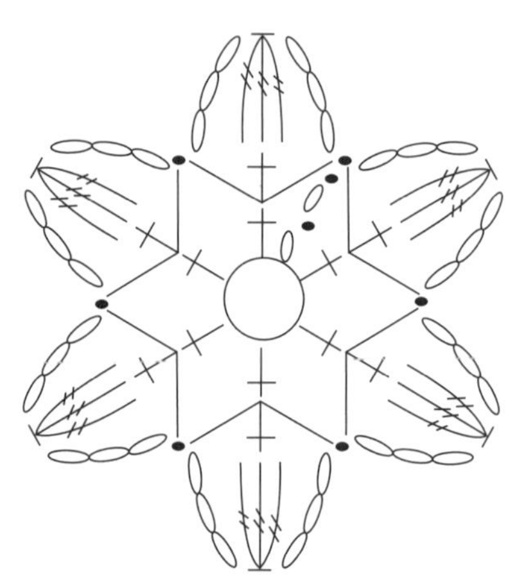

編織步驟：

1. 用5.0鉤針起120針環鉤花蕾網紋。
2. 至40公分後收針。
3. 鉤一根長繩子，串入起頭位置做抽繩，放入枕芯後繫緊。

花蕾網紋針法的彈性很大，適合放飽滿的枕芯。

臥室腳墊

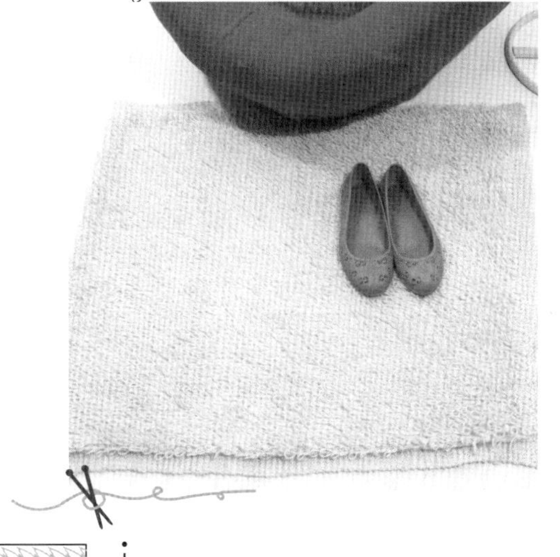

材料：純毛粗線　　　　**工具：**6號針

編織說明： 用6號針起100針織綿羊圈圈針，圈長3公分，隔1行隔1針織一個圈圈，至75公分處收針。

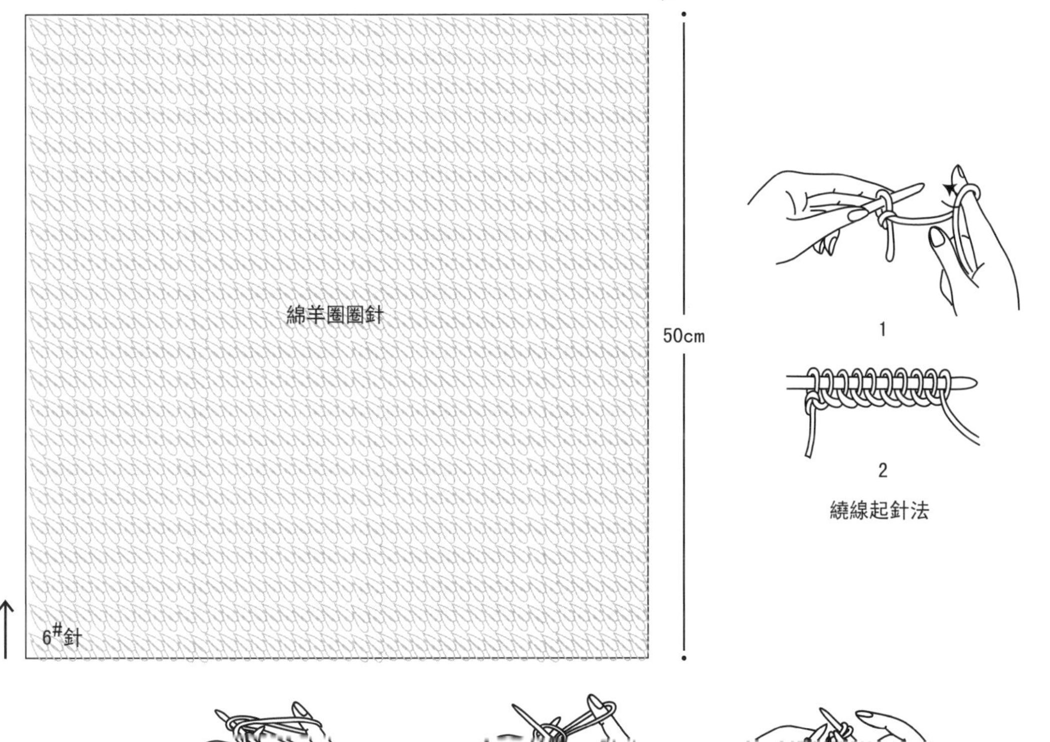

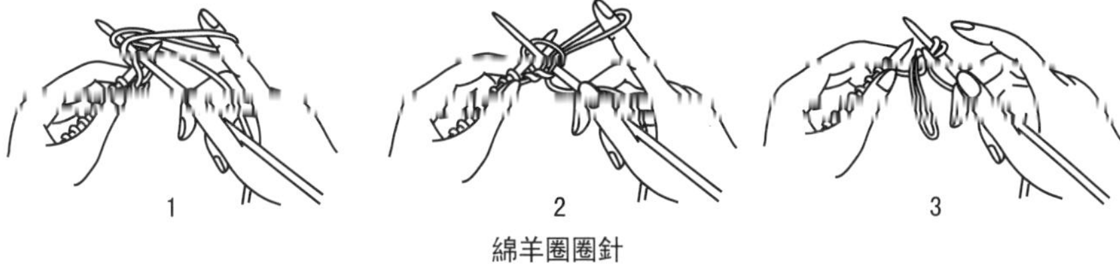

綿羊圈圈針

溫馨提示

圈圈長度控制在3公分左右，過長過稀疏的綿羊圈圈會使墊子顯得凌亂而沒有質感。

地板墊

材料：棉線　　**工具：**3.0鉤針

編織說明：　按圖鉤花朵並連接成六邊形。

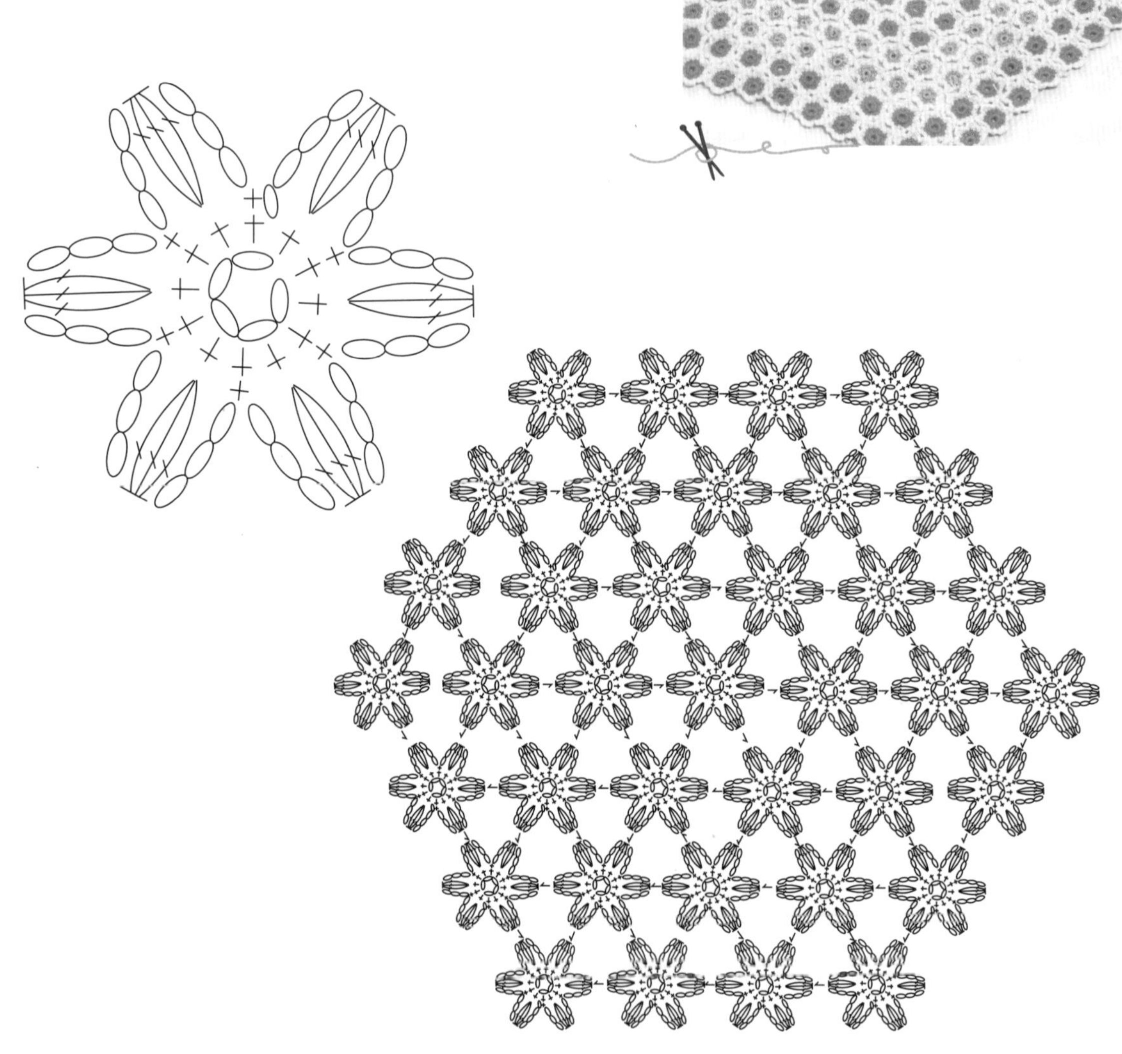

連接花朵時，不必一個一個縫合，在其它花朵邊緣鉤入一針，可完成連接，又無縫合線頭。

沙發靠背三角巾

材料： 純毛中粗線　　　　**工具：** 3.0鉤針

編織說明： 按圖鉤圓形花片，連接各片呈三角形。

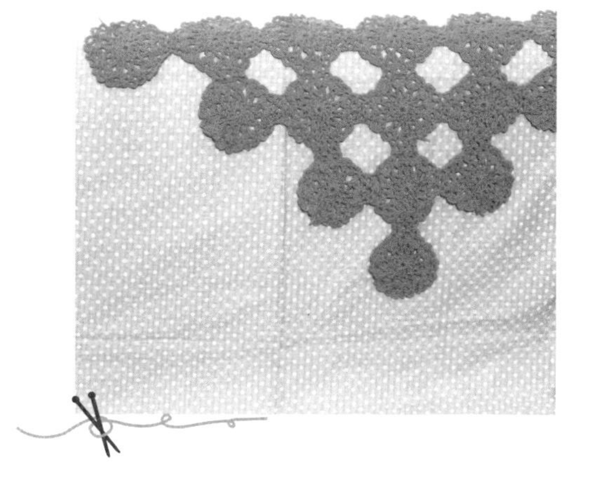

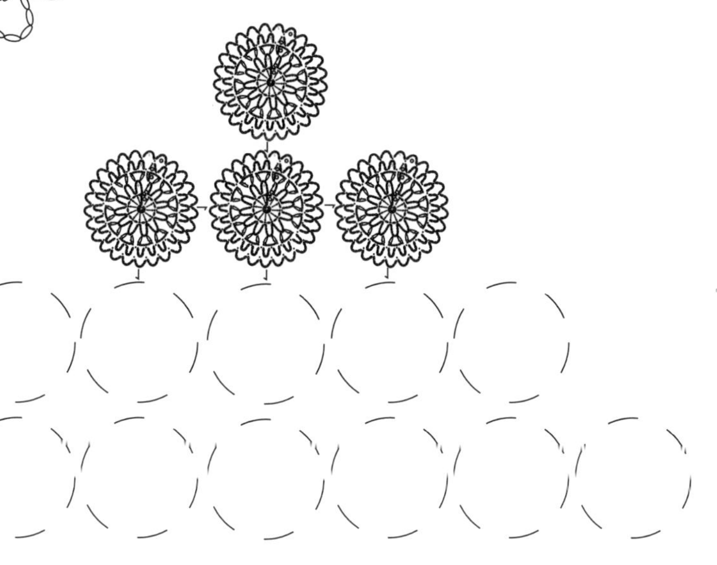

花片間可做多處連接，以不影響三角巾平展度為宜。

西餐盤墊

材料：純毛粗線　　　　**工具：**6號針

編織說明： 起星星針後織對稱樹葉花，兩邊留5針織星星針，相應長度後，織星星針，收彈性邊。

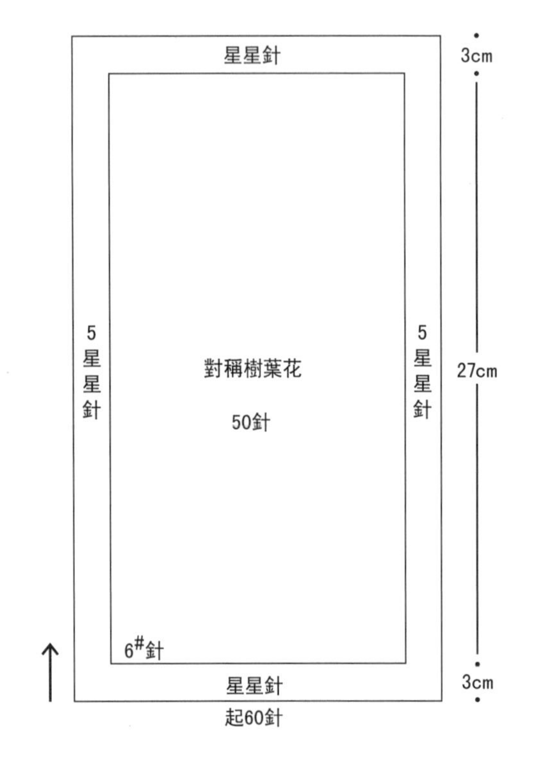

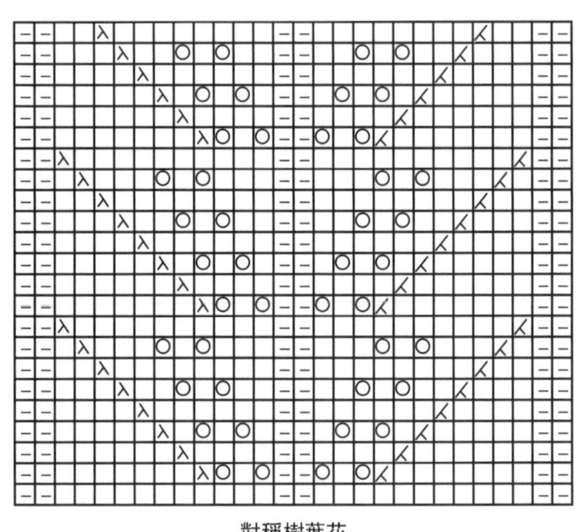

對稱樹葉花

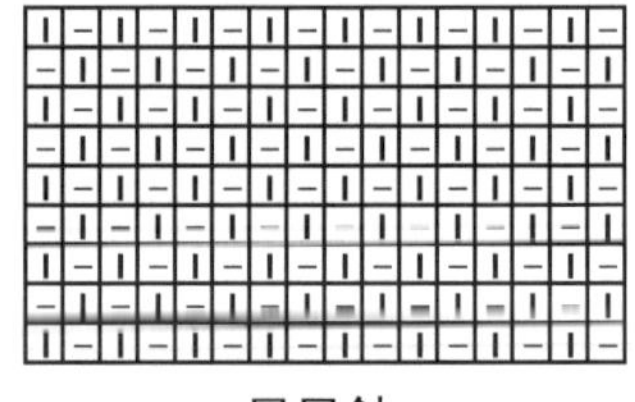

星星針

編織步驟：

1. 用6號針起60針往返織3公分星星針。
2. 兩側各留5針織星星針，中間的50針織對稱樹葉花。
3. 至27公分時，改針織星星針，收彈性邊。

星星針漲針，與其它針法合織時，有意緊織以保持整體密度一致。

收納袋

材料：純毛粗線　　**工具：**5.0鉤針

編織說明：　鉤一個短針的長條，相應長度後，在兩側規律減針，並在梯形處鉤一行荷葉邊，將起針處向上摺，用鎖針分割各個口袋並縫好花朵。

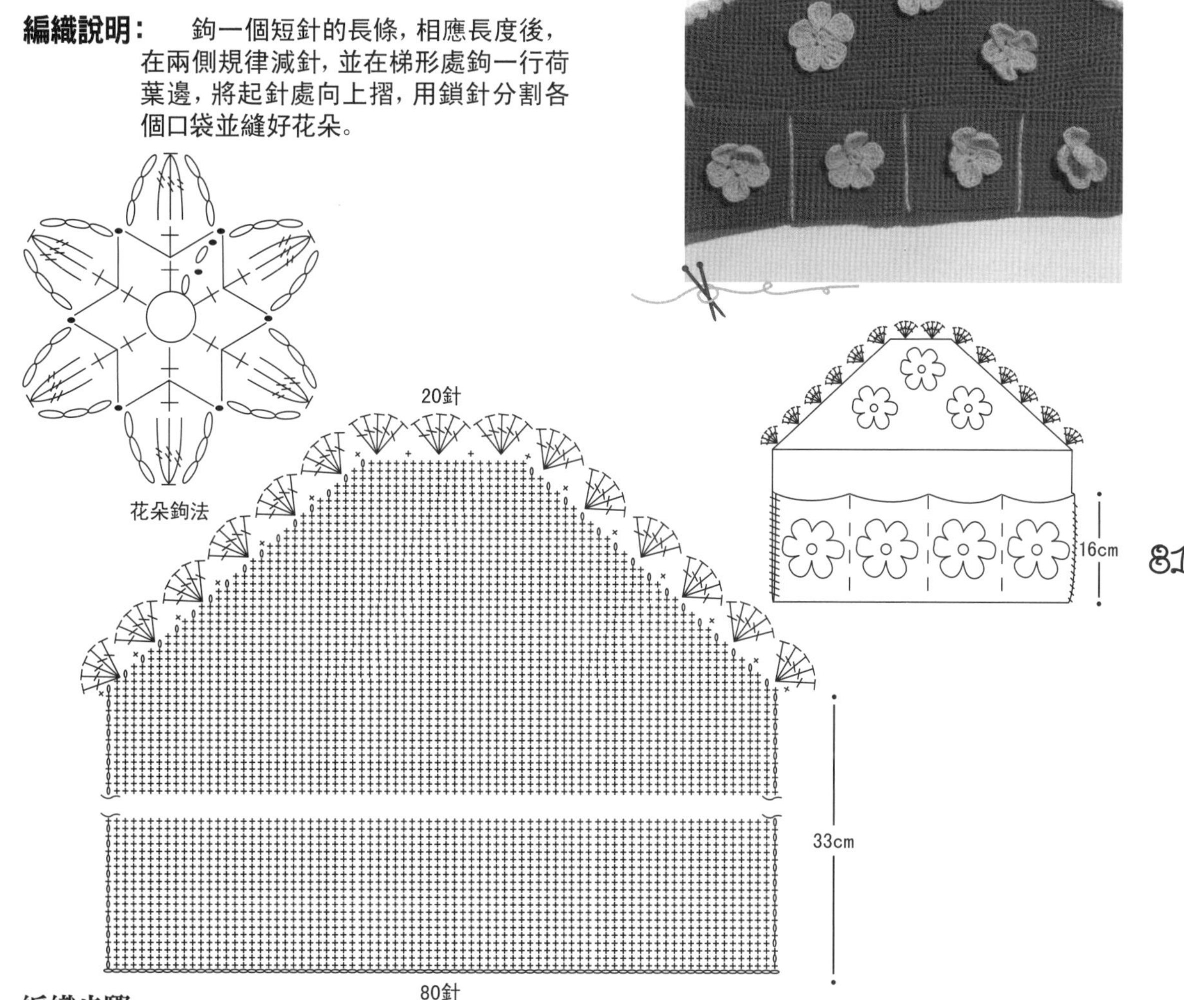

編織步驟：

1. 用5.0鉤針起80針鉤短針，至33公分時，在兩側每行減1針，共減30次，中間餘10針。
2. 將下緣向上摺16公分，用鎖針固定，分割成多個口袋。
3. 在梯形部位鉤一行荷葉邊，並縫合鉤好的花朵。

溫馨提示

收納袋的兩邊可用手針縫合，口袋之間的分割線可用鉤針縫合。

錢包

材料： 純毛粗線　　　　**工具：** 5.0鉤針

編織說明： 鉤一個長條，不加減針，相應長度後，兩邊向內對摺縫合邊緣，鉤好扣套並縫合花朵。

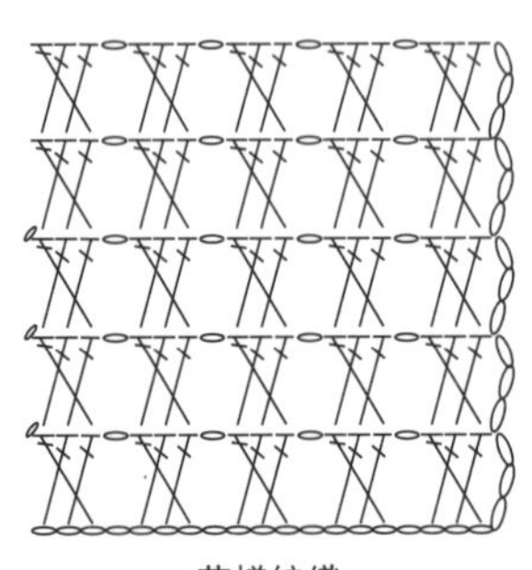
花樣編織

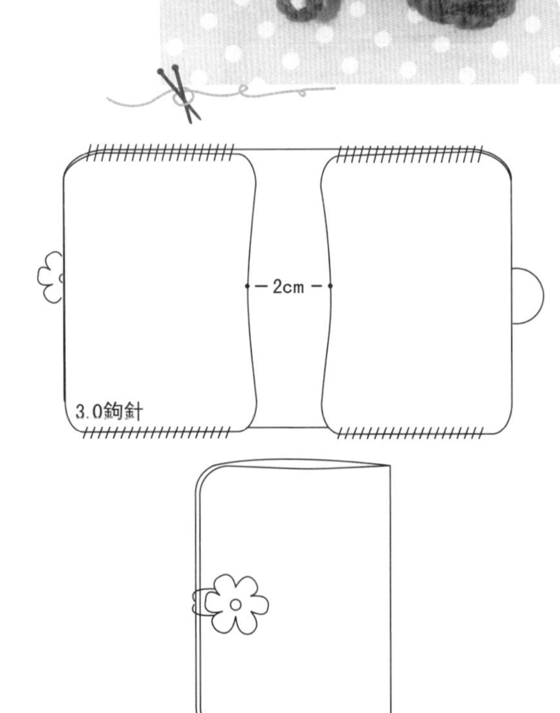

花朵鉤法

編織步驟：

1. 用3.0鉤針起22針鎖針鉤交叉長針，正反面向上鉤至38公分。
2. 兩頭內摺後，用鎖針縫合固定，中間留2公分，左右形成兩個口袋。
3. 按圖鉤好花朵縫在相應位置。
4. 鉤幾針鎖針並縫合整齊。

溫馨提示

鉤小繩做扣套，不必鉤過多針，只要剛好套住花朵即可。

編織工具袋

材料：純毛粗線　　　　**工具：**5.0鉤針

編織說明： 起鎖針鉤短針至相應位置後，再鉤兩行荷葉邊，從起針處向上摺，鉤縫出各個口袋之間的分割線。

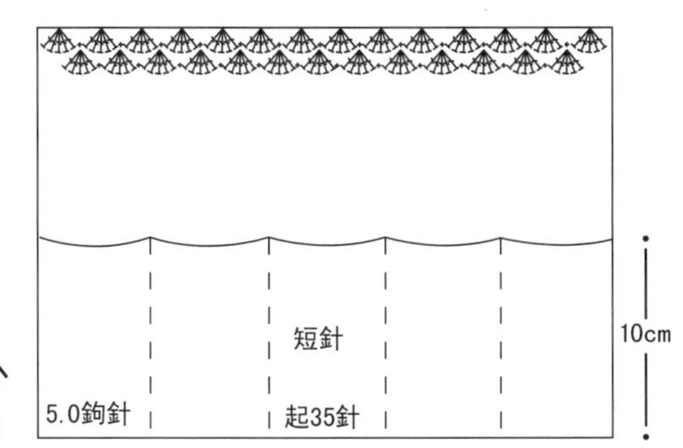

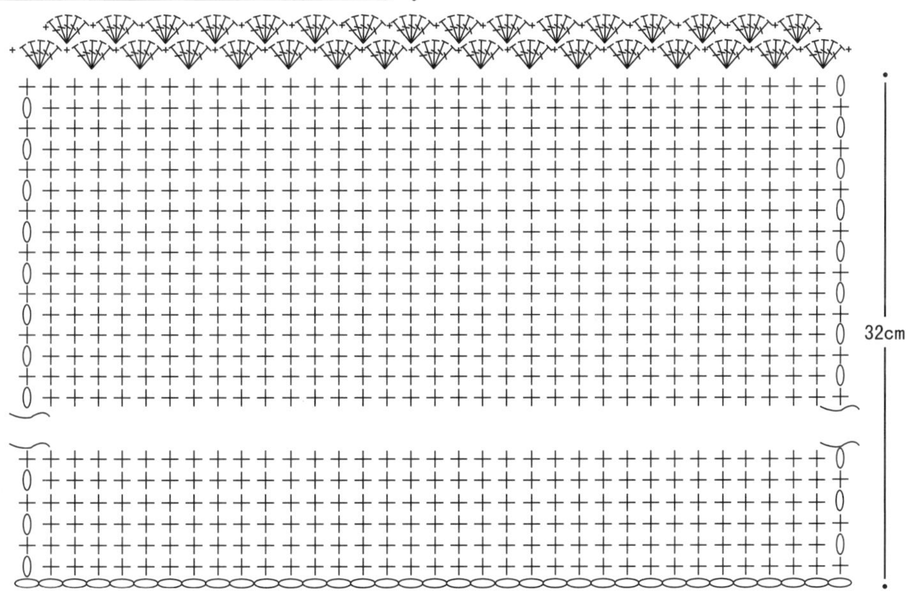

編織步驟：

1. 用5.0鉤針起35針鉤短針，至32公分時，鉤兩行荷葉邊。
2. 起針位置向上摺10公分，分別在左右鉤縫。中間用鎖針分割各個小口袋。

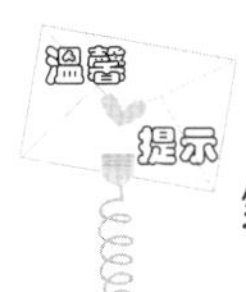

鉤縫小口袋時，鉤針要從固定位置進入，縫合的痕跡才會整齊漂亮。

嬰兒枕套

材料：寶寶絨線　　**工具：**7號針　5.0鉤針

編織說明：　環形織下針，相應位置從內部收針後，在四周鉤一圈荷葉邊。

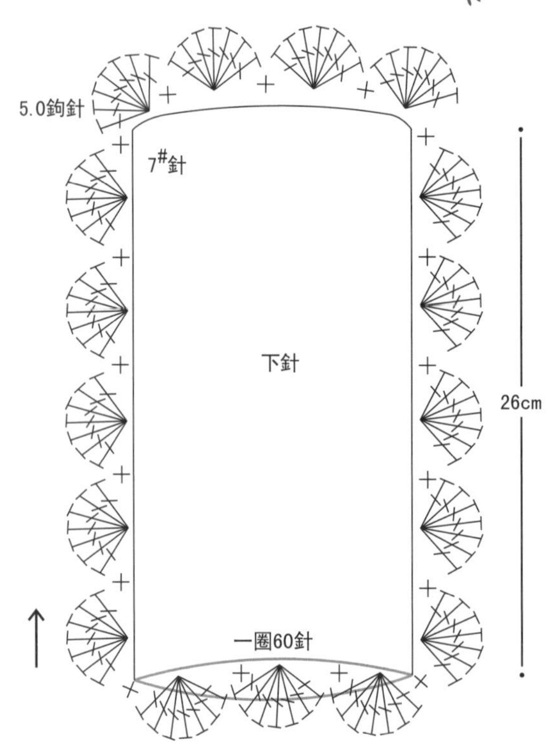

編織步驟：

1. 用7號針起60針織下針，環形織26公分後，從內部鉤縫。
2. 用5.0鉤針在四邊鉤一圈荷葉邊。

溫馨提示

收針時，將一圈的針目均分在兩根毛衣針上，用第三根針減去所有針目。

多用滑鼠墊

材料： 純毛中粗線　　　　**工具：** 8號針

編織說明： 從下向上織一個小的插肩袖小洋裝，環形織。先織鳳尾花，再織下針，在兩邊減針點規律減針至相應長度後，再織兩個小袖子，三部分合一起向上減針織，餘針為領口。

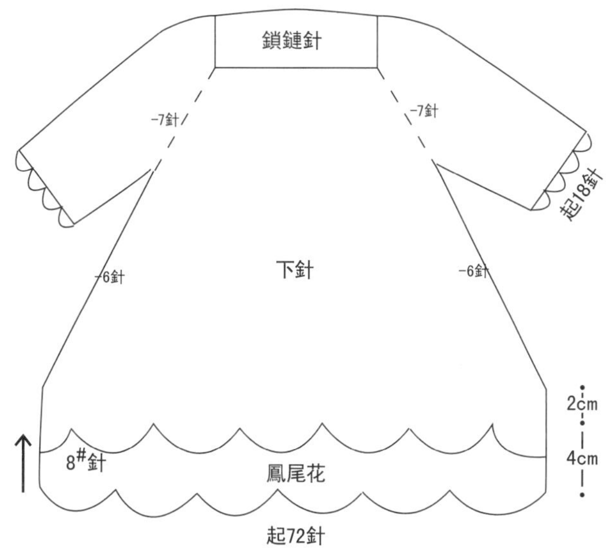

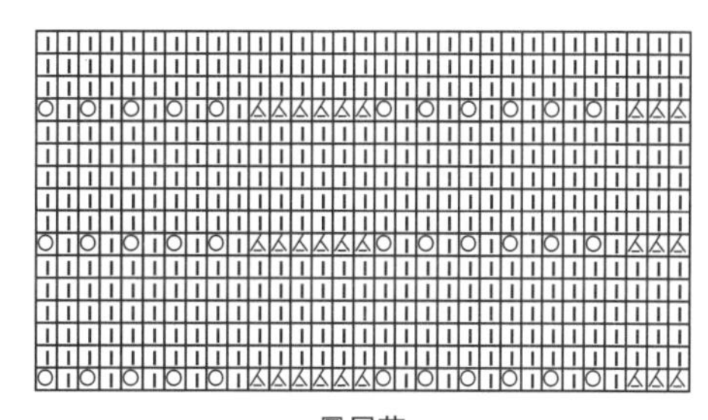
鳳尾花

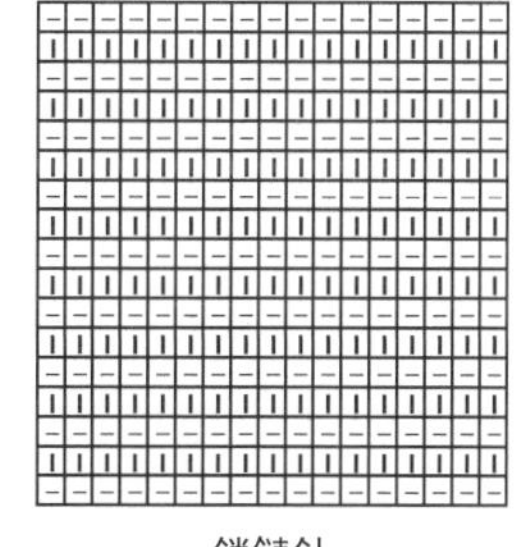
鎖鏈針

編織步驟：

1. 用8號針起72針織4公分鳳尾花，環形織。
2. 改針織2公分下針後，在兩側分別取2針做減針點，隔3行在減針點左右減1針，減6次後，分片在兩邊隔1行減1針，減7次。
3. 分別織兩個袖口，起18針按花紋環織3公分後，同樣隔1行減1針減7次，與正身縫合，餘針織4行鎖鏈針做領子。

可以做滑鼠墊、滑鼠套、熱水袋套甚至當帽子戴。

抽屜防鏽把手套

材料：純毛粗線　　**工具：**5.0鉤針

編織說明： 鉤一個短針長方形，縫合在把手上，並把花朵縫在相應位置上。

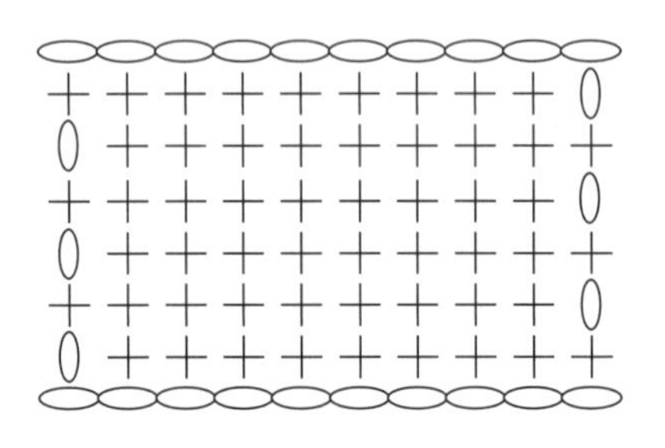

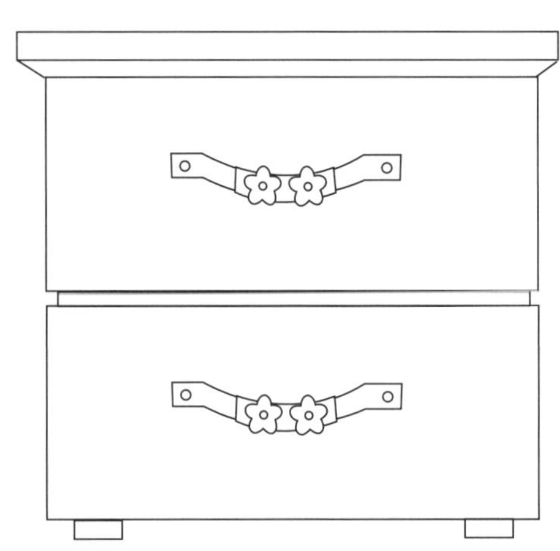

花朵鉤法

編織步驟：

1. 用5.0鉤針起10針鎖針鉤8行短針，包在把手上縫合。
2. 按圖鉤兩朵小花縫合在相應位置上。

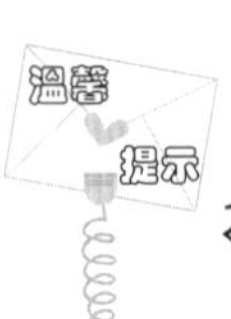

抽屜使用比較頻繁，因此，花朵要多縫幾針，避免脫線。

飲水機蓋布

材料：尼龍線　　**工具：**3.0鉤針

編織說明：　起4針鎖針，環形鉤長針，按規律加針形成大圓片後，鉤花朵邊，並串入鉤好的抽繩。

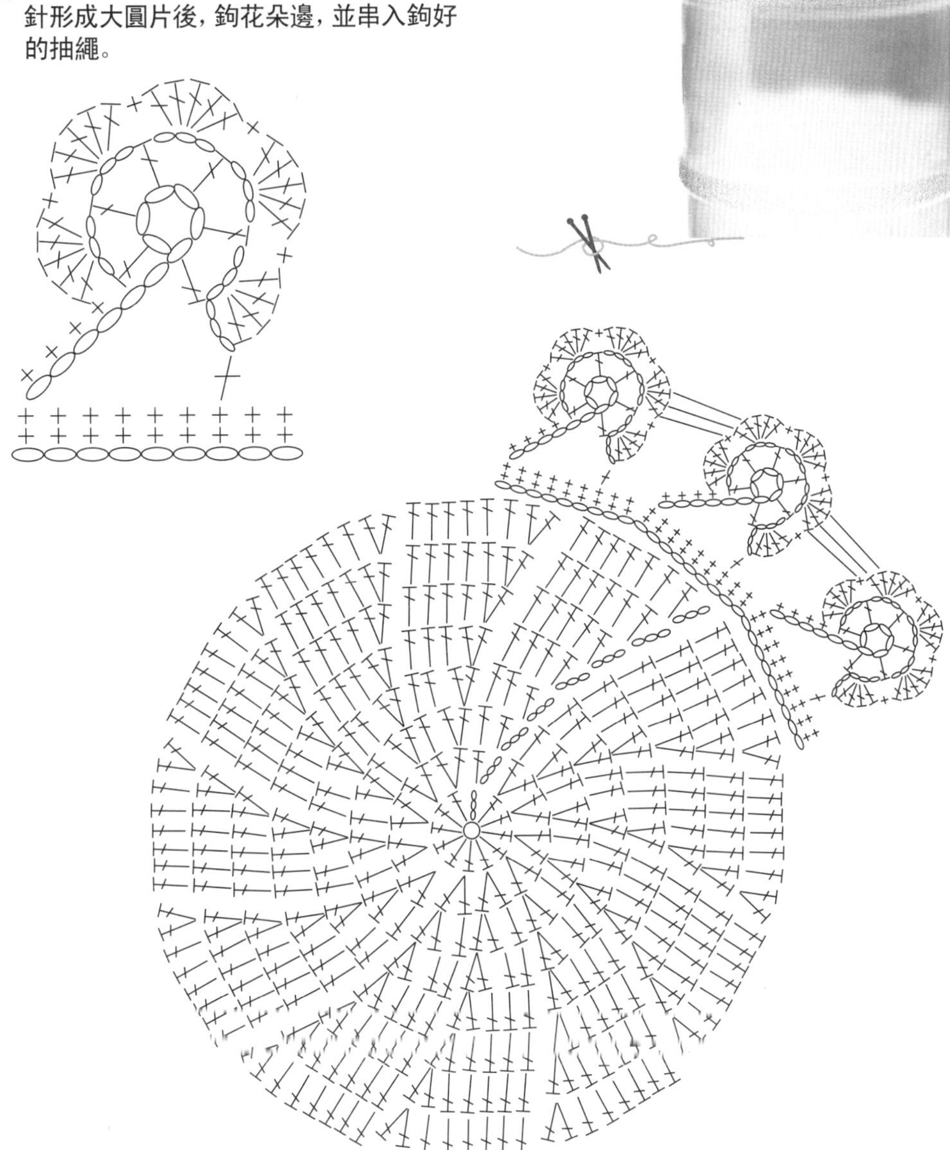

溫馨提示

尼龍線鉤的小物品不褪色不掉毛，也可放洗衣機清洗，但不耐高溫。

烤箱手套

材料：粗棉線　　**工具：**6號針

編織說明： 從手腕部位向上環織，至大拇指處織片後，再合圈環織相應長度，兩邊減針後，餘針從內部平收，形成的開口是大拇指處，在此處挑加針，合圈後直織相應長度後串起。

-3針　-3針

桂花針　小樹結果　桂花針

11cm　4cm　6cm　3cm

14針

桂花針

一圈44針

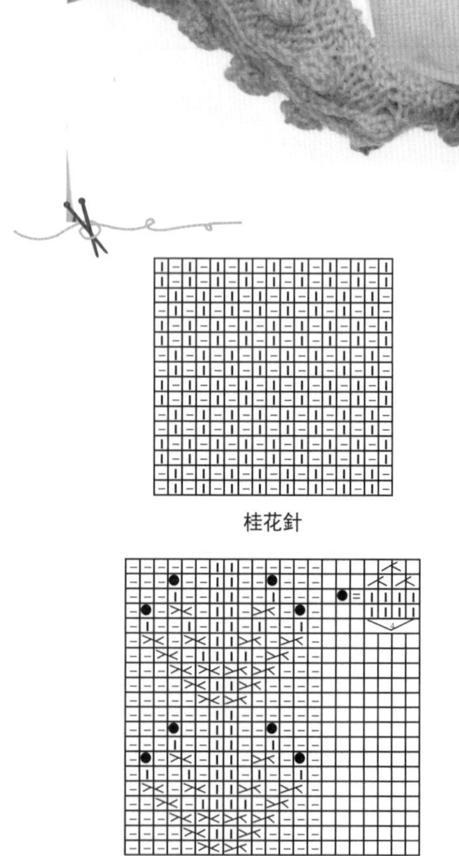

桂花針

小樹結果

編織步驟：

1. 用6號針起44針環形織3公分桂花針。
2. 正中的14針按花紋織，至6公分時分開織片，4公分後，再合針織圈，此處的開口是大拇指位置。
3. 合針向上織11公分後，在兩側每行減1針減3次，餘針從內部縫合。
4. 從開口處挑4針向上織桂花針，隔1行在兩邊各加1針，加至12針時，向上直織4公分，串入一根線內從內部拉緊繫好。

這款手套不能用化纖或是羊毛線編織，過熱的餐具會把手套燙壞，所以要用耐熱的棉線。

洗碗布

材料：粗化纖線　　**工具：**6號針　5.0鉤針

編織說明：　按圖織一個魚形的片，魚身用鎖鏈針，魚頭用星星針。完成後鉤幾針鎖針做掛繩。

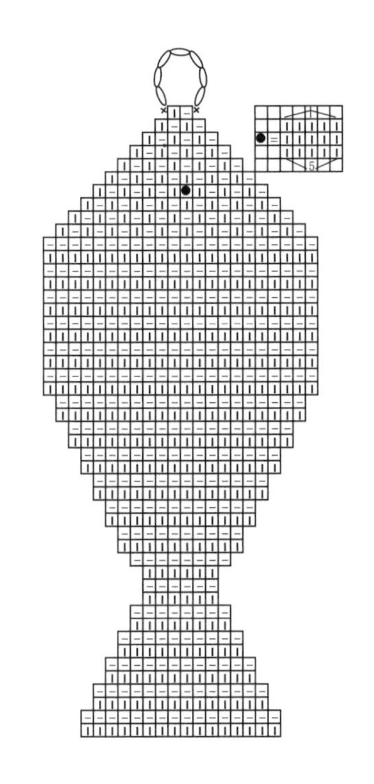

編織步驟：

1. 用6號針起16針織鎖鏈針，隔1行分別在兩邊減1針，減5次後，餘6針向上直織3行。
2. 再向兩邊隔1行加1針，左右各加8次。
3. 向上直織11行後，再次從左右減針，並改織星星針。
4. 星星針的左右行行減針，到相應位置織球球做小魚的眼睛，減完所有針目後，用餘下的線頭鉤幾針鎖針做掛繩。

鎖鏈針彈性大伸縮性強，織出來的「小魚」沒有圖解那麼長。

花園椅墊

材料：純毛粗線　　　　**工具：**5.0鉤針

編織說明：　按圖鉤16個方片，用手針縫合，最後鉤一圈荷葉邊。

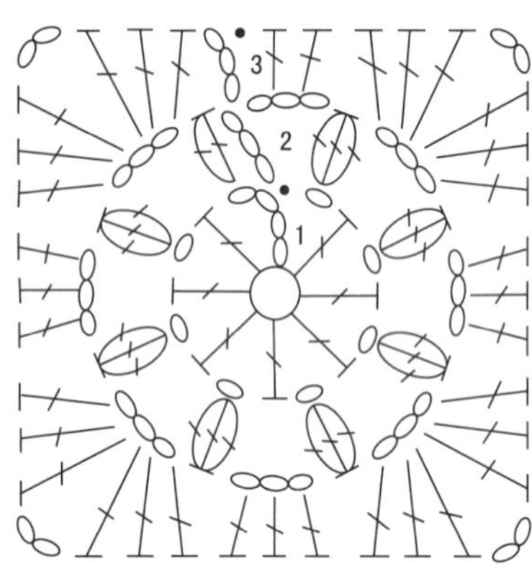

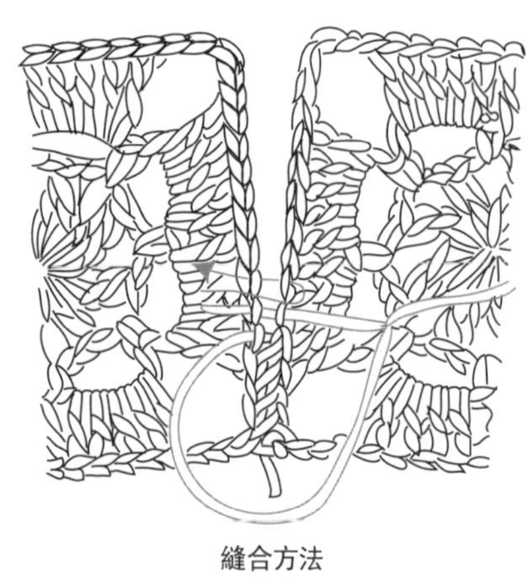

縫合方法

縫合方片時手法不要太緊，鬆緊適度才能保持椅墊平展。

knitting

小獅子擦地拖鞋

材料：純棉線　　　　**工具：**6號針

編織說明： 從後腳跟起針織片，相應長度後平加針織圈，腳面織扭針雙羅紋，腳下織綿羊圈圈針，相應長度後減針並串起從內部繫好，從後跟處按「U」形挑針，相應長度後與平加針處縫合；最後縫好眼睛口鼻，繫好流蘇。

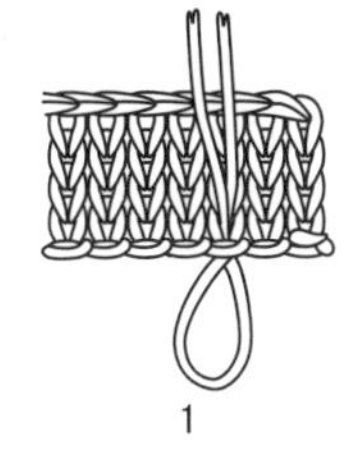

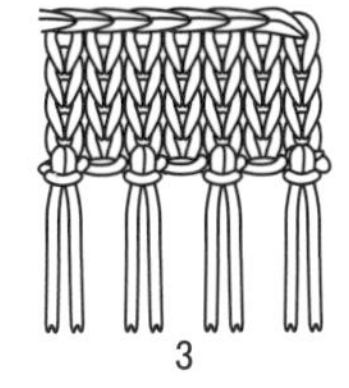
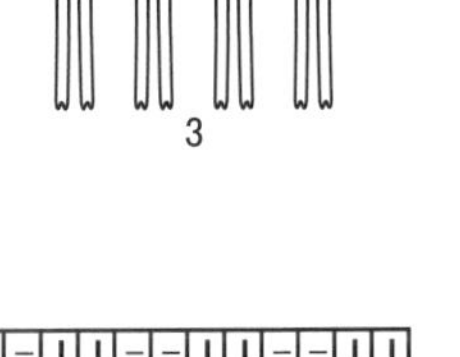

繫流蘇方法

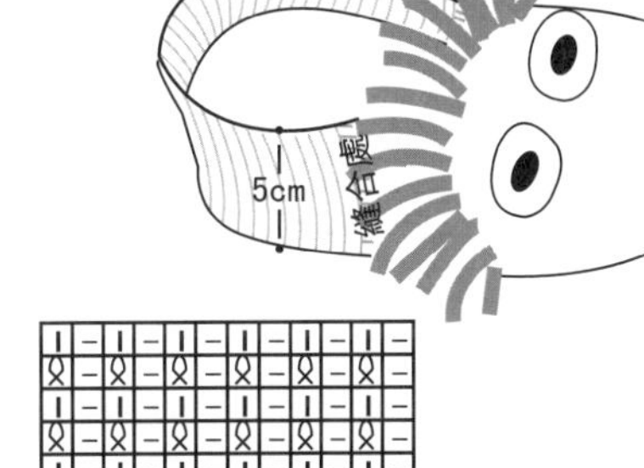

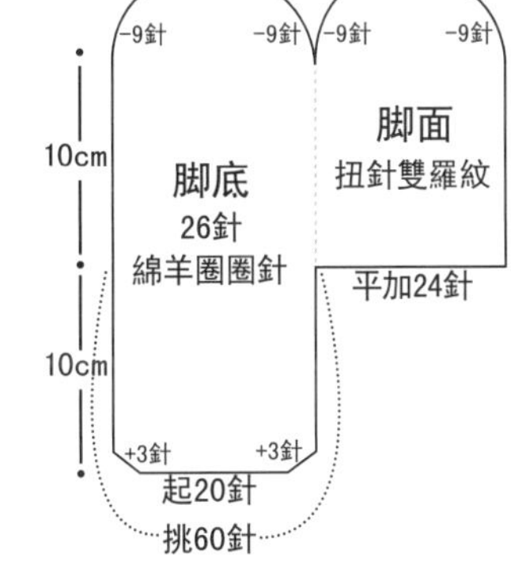

扭針雙羅紋

扭針單羅紋

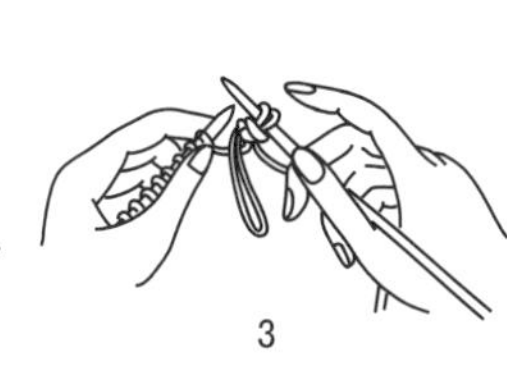

綿羊圈圈針

編織步驟：

1. 用6號針起20針綿羊圈圈針，隔1行在兩邊加1針加3次後直織。
2. 至10公分時，平加24針合圈織，腳面的24針織扭針雙羅紋，腳下的26針織綿羊圈圈針，直織10公分後，每圈均勻減12針，共減3次，餘8針時串起從內部拉緊。
3. 在後腳跟「U」形邊緣挑60針織5公分單羅紋，兩邊分別與平加針位置縫合。
4. 繫好流蘇，修剪整齊，並縫上小獅子的眼睛鼻子和嘴。

溫馨提示

綿羊圈圈針不要織得過長，越短越密實。

車票卡套

材料：純毛粗線　　　　**工具：**5.0鉤針

編織說明：　按圖鉤一個長方形，長7公分，寬4公分。放入車票卡，用繩串起三面並繫好球球。

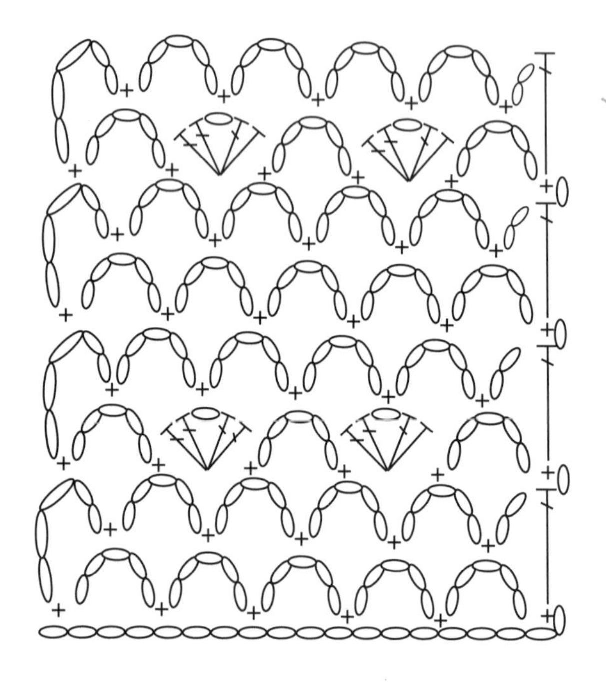

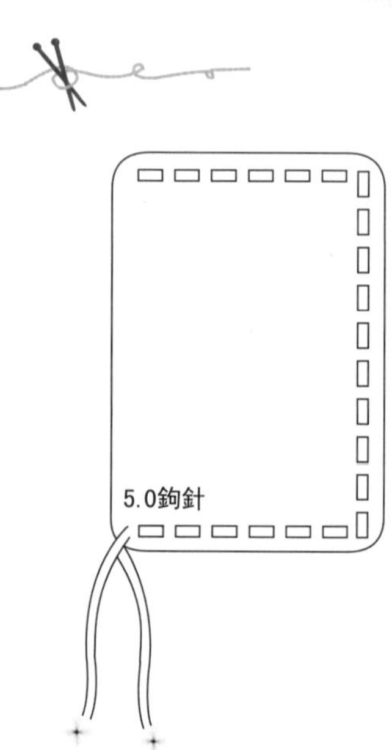

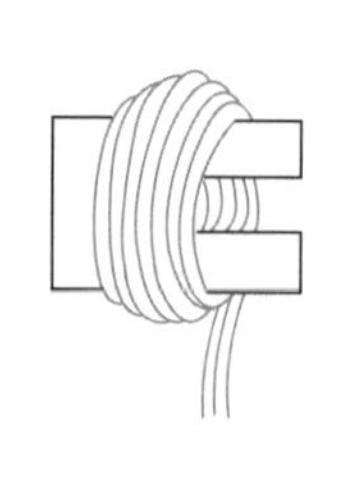

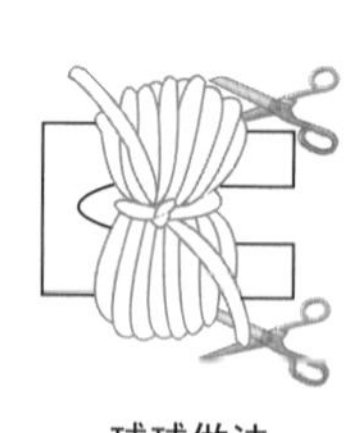

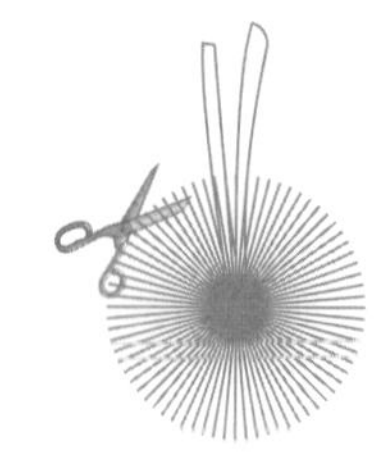

球球做法

毛線可以繫長一些，方便刷卡。

knitting

車把套

材料：純毛粗線　　**工具：**5.0鉤針

編織說明：　先鉤小圓片，然後在圓片的四周不加減針鉤長針至相應長度後鉤荷葉邊。並串好抽繩繫好小球。

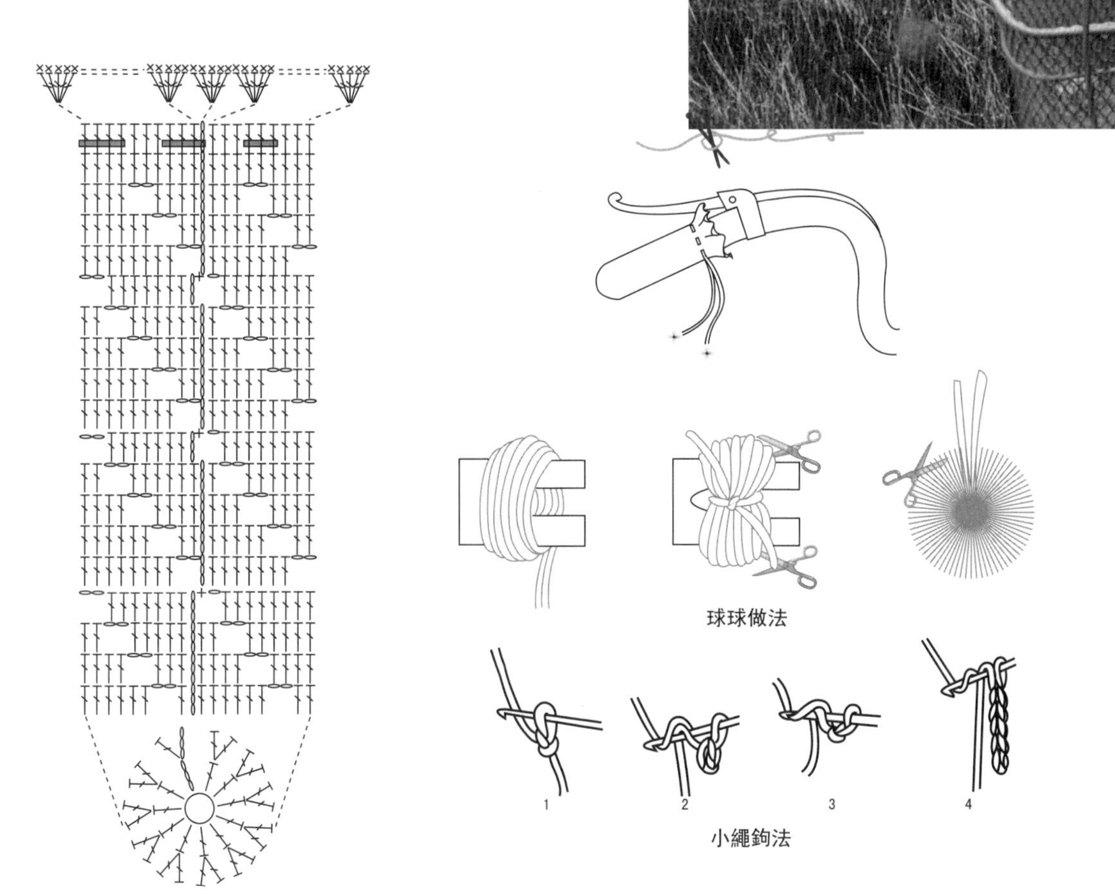

球球做法

小繩鉤法

編織步驟：

1 用3.0鉤針按圖環形鉤長針至11公分處再鉤一圈荷葉邊。

2 鉤一根小繩串入荷葉邊下方並繫好小球。

由於鉤針織物彈性強，所以在尺寸上寧小勿大。

自行車座套

材料：純毛粗線　　**工具：**5.0鉤針

編織說明： 鉤一個車座面，再鉤一個短針的長條，把長條縫合在車座面上。鉤一根長繩，串入下圍處，用於固定車座套。

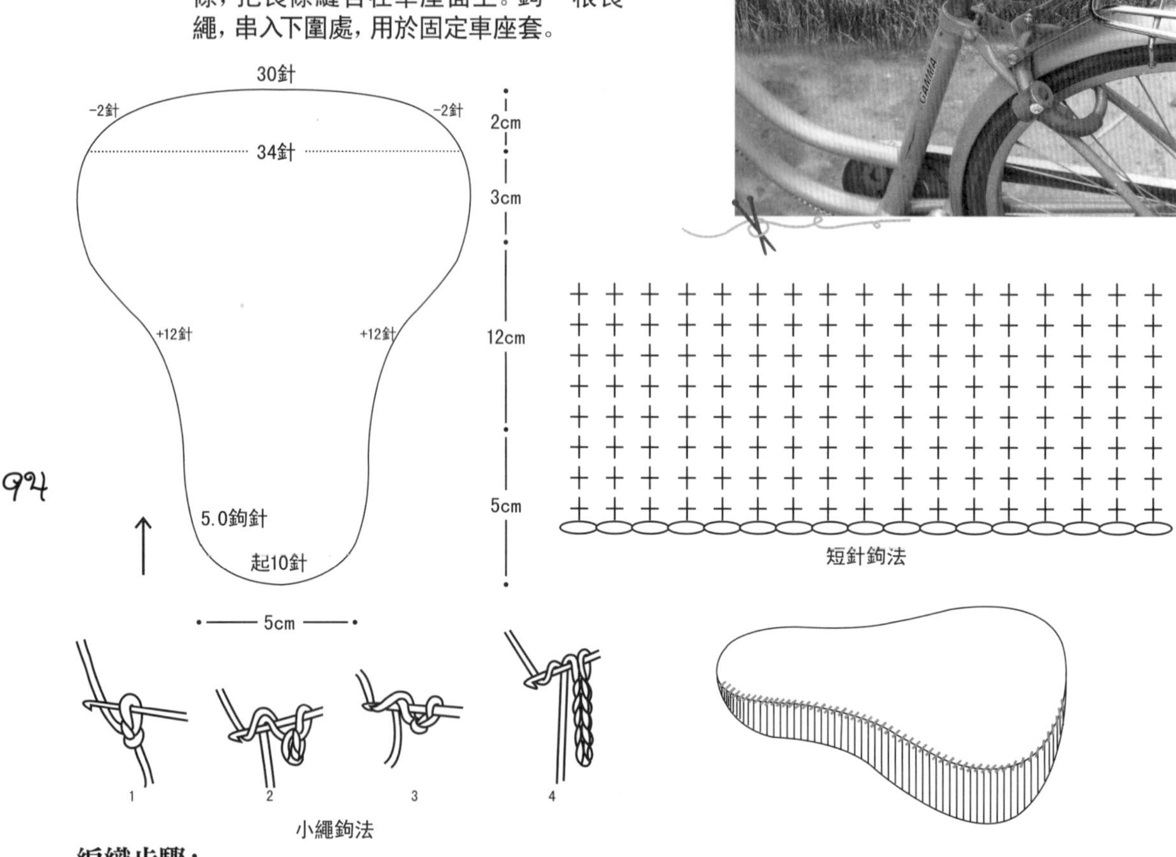

編織步驟：

1. 用5.0鉤針起10針鎖針往返鉤短針,5公分不加減針。
2. 在兩側隔1行加1針加12次，兩邊共加24針，不加減織3公分。
3. 在兩側隔1行減1針減2次，餘30針時收針。
4. 另起10針鉤短針，長度與坐墊外圍周長一致。
5. 用手針縫合下圍，鉤一根長繩，串在下圍處，用於固定自行車座。

鉤車座面時手勁要緊一些，以保持車座的硬度，下圍可適當鉤鬆一些。

車座頭枕

材料：純毛粗線　　**工具：**7號針　5.0鉤針

編織說明：　從下向上環形織，兩邊各取2針做加減針點，按規律加減針後，從起針開口處裝入枕芯後縫合，並用花朵裝飾。

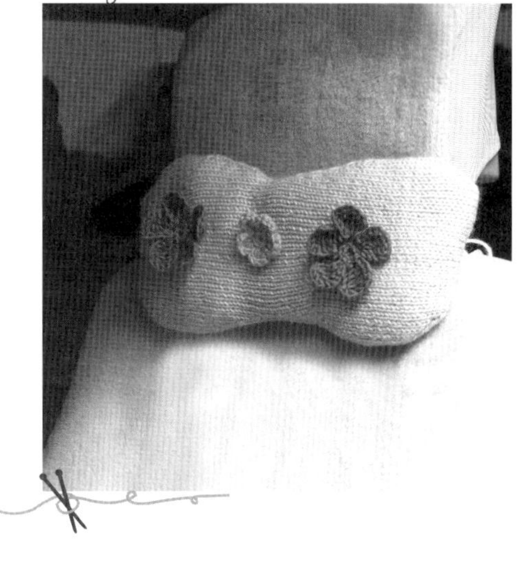

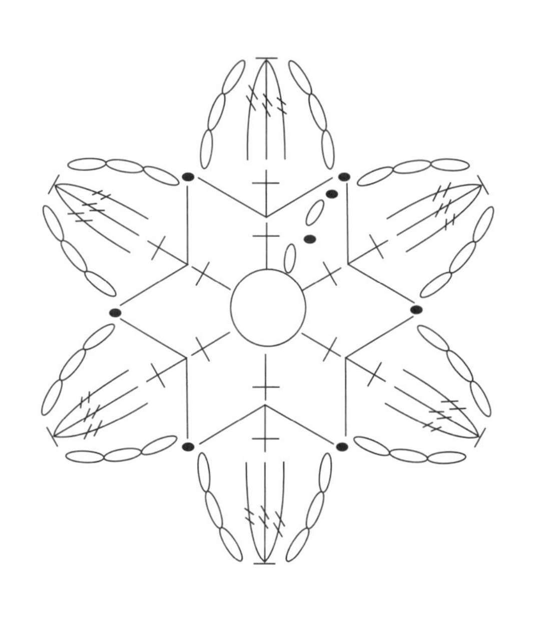

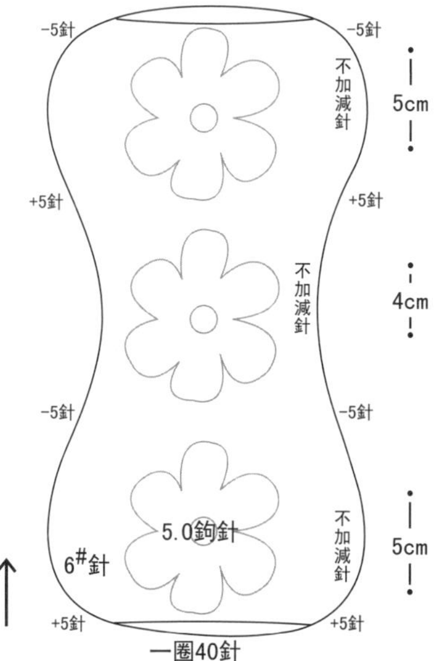

編織步驟：

1. 用6號針起40針環形織，在平均位置取2針為加減針點，先加後減。
2. 在加針點的左右隔1行加1針加6次後，平織15行，再隔3行減1針減5次，然後平織9行後，再加針，重複上述加減針方法。
3. 從開口處放入枕芯後縫合，按圖鉤三朵花，分別固定在靠枕上。

溫馨提示

從加針點挑加針，可避免出現過大的洞洞，繞加針多用於鏤空花紋的編織。

國家圖書館出版品預行編目(CIP)資料

巧學編織：生活小物 / 王春燕著. -- 初版. --
新北市：北星圖書, 2011. 07
面； 公分
ISBN 978-986-6399-09-1（平裝）

1. 編織 2. 手工藝

426.4 100013491

巧學編織：生活小物

著　　作　王春燕
發　　行　北星圖書事業股份有限公司
發 行 人　陳偉祥
發 行 所　新北市永和區中正路458號B1
電　　話　886_2_29229000
傳　　真　886_2_29229041
網　　址　www.nsbooks.com.tw
E_mail　nsbook@nsbooks.com.tw
郵政劃撥　50042987
戶　　名　北星文化事業有限公司
開　　本　185x235mm
版　　次　2011年7月初版
印　　次　2011年7月初版
書　　號　ISBN 978-986-6399-09-1
定　　價　新台幣280元　（缺頁或破損的書，請寄回更換）